MATLAB 开发实例系列图书

Simulink 与信号处理
(第 2 版)

丁亦农　编著

北京航空航天大学出版社

内 容 简 介

本书是学习和使用 Simulink 对信号处理系统进行模拟和仿真的参考书籍,是笔者对多年来在 MathWorks 工作期间与公司软件开发人员及众多用户交流、切磋获得的经验、体会的总结和提炼。全书共 8 章,介绍了 Simulink 的基本知识和 Simulink 的扩展之一——DSP 系统工具箱(DSP Systen Toolbox),并按照一般信号处理系统的组成方式和信号流程介绍如何用 Simulink 建立系统模型——包括信号的产生,信号的滤波,信号的统计参数与信号估计,以及如何在 Simulink 系统模型中实现复杂的数字信号处理算法。

本书的重要特点是在讨论信号处理系统建模时采用了大量实例。全书共提供了近 100 个 Simulink 模型文件,是学习 Simulink 软件,掌握模块特点和应用场合,进而建立复杂信号处理系统模型的宝贵参考资料。这本书的另一个重要特点是涉及面广,取材新颖、实用。本书还特别介绍了 Simulink 近几年引入的几个重要元素,如传统代码工具和在 Simulink 中使用 MATLAB 代码生成器从 MATLAB 程序自动生成 C 代码等。

本书可以作为电气工程、自动控制及其他专业老师、学生,及相关工程技术人员的参考用书。

图书在版编目(CIP)数据

Simulink 与信号处理 / 丁亦农编著. -- 2 版. -- 北京:北京航空航天大学出版社,2014.6
ISBN 978-7-5124-1538-6

Ⅰ.①S… Ⅱ.①丁… Ⅲ.①算法语言—应用—信号处理 Ⅳ.①TN911.7

中国版本图书馆 CIP 数据核字(2014)第 100375 号

版权所有,侵权必究。

Simulink 与信号处理(第 2 版)

丁亦农 编著

责任编辑 陈守平

*

北京航空航天大学出版社出版发行

北京市海淀区学院路 37 号(邮编 100191) http://www.buaapress.com.cn
发行部电话:(010)82317024 传真:(010)82328026
读者信箱:goodtextbook@126.com 邮购电话:(010)82316524
北京时代华都印刷有限公司印装 各地书店经销

*

开本:787×1 092 1/16 印张:12 字数:307 千字
2014 年 6 月第 2 版 2014 年 6 月第 1 次印刷 印数:3 000 册
ISBN 978-7-5124-1538-6 定价:29.80 元

若本书有倒页、脱页、缺页等印装质量问题,请与本社发行部联系调换。联系电话:(010)82317024

前　　言

《Simulink 与信号处理》一书出版至今已将近 4 年了。这期间，MATLAB®/Simulink®[①]这一科学计算、动态系统的模拟与仿真工具发生了很多变化，因此有必要对这本书作修订。从 2011 年的春季版本（R2011a）起，MATLAB/Simulink 的扩展系列中与信号处理和数字通信有关的产品出现了重整和组合，发生了很大的变化。原有的信号处理模块集（Signal Processing Blockset）与滤波器设计工具箱（Filter Design Toolbox）合并，并且与添加的众多系统客体（System Objects）组成了 DSP 系统工具箱（DSP System Toolbox）。系统客体是对采用 MathWorks 客体导向编程（Object Oriented Programing）技术编写的算法的统称。修订后的《Simulink 与信号处理》仍然着重关注 DSP 系统工具箱中用于 Simulink 的信号处理模块。

本书附赠的所有 Simulink 模型已经全部升级到 R2013a 版本，请读者登录 MATLAB 中文论坛"MATLAB 读书频道"本书相应版块免费下载该文件包，下载地址：http://www.ilovematlab.cn/forum‐187‐1.html，或者致信 shpchen2004@gmail.com 申请索取。在该文件包里，一个名为 xyz 的 Simulink 模型有 3 个 Simulink 文件与之对应，它们分别为 xyz.mdl、xxyz.slx.r2013a 和 xyz.mdl.r2009a。前 2 个都是版本为 R2013a 的 Simulink 模型文件，最后 1 个是版本为 R2009a 的 Simulink 模型文件。

衷心感谢北京航空航天大学出版社的编辑们为这本书的出版提供的支持。

丁亦农
Plano，Texas，USA

[①] MATLAB®、Simulink® 是 MathWorks 公司的注册商标，本书其余各处均用 MATLAB、Simulink 代替 MATLAB®、Simulink®。

前言(第 1 版)

在我上大学的时候,数字信号处理还是很新的东西。大学四年级下学期,系里开了一门"数字滤波器"选修课。当时班里年长一点的同学说,数字信号处理是电子工程的未来,所以我就"随大流"选学了那门课。后来,我有机会去"数字滤波器"课程所用教材的编著者邹理和教授所在的西安交通大学信号与系统教研室进修,接触了更多这方面的知识。1986 年,我用当时国内极为难得的,美国德州仪器(Texas Instruments)公司的第一台数字信号处理器产品——TMS32010,一个 8 位的数字信号处理器实现了一个用于雷达信号处理的自适应滤波器,于是开始对数字信号处理产生兴趣,并对如何开发和研究数字信号处理系统有了一些想法。1988 年我在南京航空航天大学任教,那时学校教务处和主管青年教师的校领导很有远见,鼓励青年教师从事科学研究。因此我在多年实践的基础上提出了用图形框图进行数字信号处理系统设计和开发的设想,并从学校得到了 4 000 元人民币的科研经费。当时的 4 000 元差不多是我 40 个月的工资,作为启动基金还是一个不小的数字。由于我那时在计算机图形学、图形用户接口的编程方法以及高级程序设计等方面的知识几乎是空白,课题进展极为困难,后来因为赴美留学,对这一课题的探索只得告一段落。攻读博士学位期间,在几位著名教授,如我的导师 Richard J. Vaccaro、Steven M. Kay 和快速傅里叶变换(FFT)计算机实现的发明者之一的 James W. Cooley 等指导下,研究方向转向信号处理的理论方面,也没能有机会继续进行用图形框图进行信号处理系统的模拟与设计的研究。

1994 年,我在美国加利佛尼亚州硅谷的创新科技公司(The Joint E-mu Creative Technology Center)进行音乐分析与合成的研究与开发。一位从加州大学伯克利分校毕业的同事向我介绍了他们学校开发的 Ptolemy 系统。我发现 Ptolemy 系统的性能和特点与我当年提出的用图形框图进行数字信号处理系统的设计和开发的思路极为相似。这一发现让我意识到,由于认识不足和知识缺乏,我失去了成为这一领域先驱者的机会。当时,除了 Ptolemy 系统外,MathWorks 的 Simulink 也是一个采用图形框图对系统进行模拟与仿真的软件平台,并已经作为产品推出,只是其功能与知名度还处于发展的初级阶段。后来,我在德州仪器及三星移动(Samsung Mobile)的信号处理与通信系统的研究部门工作时,慢慢对 Simulink 系统软件有了不少接触与了解,但真正得到对 Simulink 及其相关产品的深度培训是在我 2007 年进入 MathWorks 的销售部门以后。**因此这本书实际上是我对自己学习和使用 Simulink 及其其他模块集(blockset)的体会和经历的一个总结。**我希望这样的第一手资料能够为众多渴望了解、学习和使用 Simulink 的教授、学生、工程技术人员和管理干部起到一个抛砖引玉的作用。

Simulink 由 Simulink 引擎和一个包含了众多系统基本模块的 Simulink 基本模块库组成。多年来,在不断的版本更新过程中,MathWorks 为 Simulink 增加了许多以各种应用为核心的扩展模块库,如以信号处理应用为目的的 DSP 系统工具箱(signal processing blockset),以通信系统的模拟、仿真为核心的通信模块集(communications blockset)等。我们在这本书中只讨论 Simulink 以及 DSP 系统工具箱。在讨论 DSP 系统工具箱时,我试图以一个一般的信号处理系统的流程为参考,先讨论信号的产生,进而讨论信号处理系统的主要操作,如信号的滤波,信号的参数估计等,然后介绍如何处理在建立信号处理系统时可能遇到的特殊问题,例如,如何在 Simulink 系统模型中实现复杂的数字信号处理算法等。

这本书共有 8 章。第 1 章是对 Simulink 软件平台的简单介绍,包括对 Simulink 的工作原理的简单描述。通过这一章读者可以对 Simulink 的工作机理有所了解,并对 Simulink 在对动态系统进行模拟和仿真时采用的基本术语和重要概念,如系统状态、采样时间、模块参数,系统与子系统等,有一个比较明确的概念。

第 2 章介绍 Simulink 的基本知识。对 Simulink 的基本操作,如何用 Simulink 建立系统模型以及进行系统仿真作了比较详细的讨论。这一章还集中讨论了 Simulink 基本模块库的 14 个子模块库。在讨论每一个模块子库时,本书从中挑选几个重要和常用的模块,通过实际的建模实例,说明它们的功能、用途、参数设置、与其他模块连接时的相互作用和其他关键的注意事项。

从第 3 章起,注意力从基本的 Simulink 转移到 DSP 系统工具箱。第 3 章是对 SimulinkDSP 系统工具箱的一个综览,涉及用 Simulink 建立信号处理系统模型时遇到的几个重要概念,如样本信号和帧信号;模块延迟与反应时间。掌握这些重要概念对选用合适的建模模块,理解模型中信号的通道与流向以及相应的操作,建立优化的信号处理系统模型起着极为关键的作用。

第 4 章是关于信号的产生。对于任何一个信号处理系统,知道这个系统处理的信号是什么极为重要。这一章中将讨论如何用 Simulink 的 DSP 系统工具箱提供的模块产生信号处理系统的输入信号,包括如何将一个等候处理的信号,如不间断采样的语音信号、由随机数产生器不断生成的随机序列、一幅图像等,输入 Simulink 系统模型。本章将既介绍如何产生离散信号,也讨论连续信号的产生。

第 5 章讨论信号处理系统的最重要的操作之一———信号的滤波。这一章首先介绍 DSP 系统工具箱滤波器设计子模块库。利用这个子模块库中的模块可以设计和实现各种类型的数字和模拟滤波器;接着讨论自适应与多采样率滤波器的设计与实现。这一章还用一整节的篇幅详细介绍了一个用于全球无线通信系统(Global Systems of Mobile Communications)的数字下转换器(Digital Down Converter)的多级、多采样率数字滤波器的设计实例。

信号估计,包括信号的统计参数估计、模型参数与信号的谱密度估计是信号处理的另一个重要手段与操作之一。DSP 系统工具箱的统计(statistics)与估计(estimation)两个模块库为进行这一方面的信号处理系统模拟提供了许多有效和实用的模块。第 6 章介绍这些模块的功能与应用,并提供利用这些模块进行系统建模的实际例子。

由于不涉及信号处理的理论,本书对信号管理(signal management)和信号操作(signal operations)等几个 DSP 系统工具箱的模块库没有着墨。但是这些模块库中的一些重要模块在许多建模实例中多次采用,像数据缓冲器(buffer)模块等。读者可以通过对书中提供的建模实例的学习和研究,自行理解和领会这些模块的功能和应用。

Simulink 为建立信号处理系统模型提供了大量的基本模块。一般说来,利用这些基本模块,可以搭建各种类型的数字信号处理系统模型。但是,对于某些含有特殊的或者极其复杂的数字信号处理算法的系统,仅仅利用这些已有的 Simulink 模块建立系统模型往往费时、费力,并且会使建立的系统模型变得不必要的复杂,降低了系统模型的可读性。为此,第 7 章介绍了如何在建立信号处理系统模型时,通过采用自定义模块更方便、更有效地实现复杂的数字信号处理算法。这一章特别讨论了 S-函数的特征与类型、工作原理以及 S-函数在 Simulink 中的实现与使用；MathWorks 近年推出的传统代码工具（legacy code tool）和内嵌式 MATLAB（Embedded MATLAB）。

第 8 章提供了综合应用前面章节中介绍的 Simulink 的知识、建模手段和技巧建立的较为完整的信号处理系统模型并进行模拟与仿真的例子。由于篇幅限制，本章只讲述了在建立系统模型时的主要考量，许多细节问题，如模块的选用、建模手段的取舍等，需要读者在研究和运行这些系统模型时认真地体会和探索。

这本书的一个重要特征是在讨论 Simulink 的工作原理、Simulink 的基本模块库以及用 Simulink 建立信号处理系统模型时采用了大量实例，提供了近 100 个 Simulink 模型文件。这些建模实例建立在 MATLAB/Simulink 的 R2009a 的版本之上，并逐个进行了测试。它们是学习 Simulink 软件，掌握模块特征和应用场合，进而建立复杂信号处理系统模型的重要参考资料。本书的另一个重要特征是涉及面广，取材新颖、实用。本书介绍了 Simulink 近几年引入的几个重要元素，如第 7 章中介绍的传统代码工具和内嵌式 MATLAB。使用传统代码工具已经成为在用 Simulink 建立系统模型时采用 C 代码的主要手段；而内嵌式 MATLAB 的引入，为用 Simulink 进行系统建模，模拟，仿真及系统实现提供了不可或缺的，与 Simulink 图形编程、图形表达互补的文字编程功能。本书引用了部分版权为 MathWorks 公司所有的模型与其他资料。凡书中注有"Copyright The MathWorks, Inc."字样的内容其版权均归属 MathWorks 公司，且作者已获 MathWorks 公司批准，在本书中使用。**同时，本书中许多技术语言的使用与 MathWorks 公司技术语言规范保持一致。如过去 MATLAB 文件简称为 M 文件，公司从今年起废除了这一简称，本书中也不再使用 M 文件这一说法。**

在这本书的出版之际，我想利用这个机会向我的工作单位 MathWorks, Inc. 表示谢忱之意，感谢 MathWorks 为我提供了很好的工作环境和资源上的支持，没有这些环境和资源的支持，现在出版这本书是不可能的。我衷心希望这本书能给希望学习或者已经在使用 Simulink 的读者提供较大的帮助，从而为扩大 Simulink 的用户群起到积极的推进作用。最后，我要感谢北京航空航天大学出版社及其编辑。编辑们的敬业和对图书质量的不断追求都给我留下了深刻印象。很显然，没有他们的全力支持和努力工作，现在出版这本书也是不可能的。

丁亦农

Plano，Texas，USA

目 录

第1章 Simulink 简介 ··· 1
1.1 什么是 Simulink ·· 1
1.2 Simulink 的工作原理 ·· 3
1.2.1 动态系统的模拟 ·· 3
1.2.2 动态系统的仿真 ·· 7
1.2.3 Simulink 求解器 ·· 9

第2章 Simulink 的基本知识 ·· 11
2.1 Simulink 的基本操作 ·· 11
2.1.1 启动 Simulink ··· 11
2.1.2 打开系统模型 ··· 12
2.1.3 输入 Simulink 命令 ··· 12
2.1.4 保存系统模型 ··· 14
2.1.5 打印模型框图 ··· 15
2.1.6 常用鼠标和键盘操作 ··· 16
2.2 用 Simulink 建立系统模型 ··· 16
2.2.1 系统框图 ··· 17
2.2.2 模块的选择 ·· 18
2.2.3 模块的连接 ·· 18
2.2.4 设置模块参数和添加评注 ··· 19
2.2.5 建立子系统 ·· 22
2.2.6 条件执行子系统 ·· 23
2.2.7 使用回调子程序 ·· 25
2.2.8 模型参照 ··· 26
2.2.9 Simulink 模型工作区 ··· 26
2.3 Simulink 的模块 ·· 27
2.3.1 Simulink 的基本模块 ··· 27
2.3.2 常用模块子集 ··· 28
2.3.3 连续时间模块子集 ··· 32
2.3.4 非连续时间模块子集 ··· 34
2.3.5 离散模块子集 ··· 35
2.3.6 逻辑与位操作模块子集 ·· 37
2.3.7 查表模块子集 ··· 38
2.3.8 数学运算模块子集 ··· 44
2.3.9 端口与子系统模块子集 ·· 46

2.3.10 信号特征模块子集 ·· 49
2.3.11 信号路径模块子集 ·· 52
2.3.12 汇集模块子集 ·· 55
2.3.13 源模块子集 ·· 55
2.3.14 用户自定义函数模块子集 ·· 56
2.4 用 Simulink 进行系统仿真 ·· 58
2.4.1 Simulink 求解器的选择 ·· 58
2.4.2 仿真性能及精度的改善 ·· 63

第 3 章 Simulink 的扩展——DSP 系统工具箱 ·· 65
3.1 几个重要概念 ·· 65
3.1.1 信 号 ·· 65
3.1.2 信号的采样时间 ·· 65
3.1.3 样本信号 ·· 65
3.1.4 帧信号 ·· 68
3.2 DSP 系统工具箱的特征 ·· 71
3.2.1 帧操作 ·· 71
3.2.2 矩阵操作 ·· 72
3.2.3 数据类型支持 ·· 72
3.2.4 复杂的信号处理操作 ·· 73
3.2.5 实时代码生成 ·· 73
3.3 采样速率与帧频率 ·· 73
3.3.1 采样速率与帧频率的检测 ·· 73
3.3.2 基于帧信号的 Simulink 模型中的采样率 ··· 75
3.4 模块延迟（Delay）与反应时间（Latency） ·· 75
3.4.1 模块延时的类型 ·· 76
3.4.2 模块反应时间 ·· 76

第 4 章 信号的产生 ··· 81
4.1 离散时间信号 ·· 81
4.1.1 有关时间与频率的技术术语及定义 ·· 81
4.1.2 进行离散时间系统仿真时 Simulink 的设置 ··· 82
4.1.3 Simulink 的其他设置 ·· 83
4.2 连续时间信号 ·· 85
4.3 信号的产生 ·· 85
4.3.1 用常数模块产生信号 ·· 85
4.3.2 用信号发生器模块产生信号 ·· 86
4.3.3 用来自工作区信号模块产生信号 ·· 87
4.3.4 随机信号的产生 ·· 89

第 5 章 信号的滤波 ··· 91
5.1 滤波器结构及滤波器的特征指标 ·· 91

5.2 滤波器实现子模块库 ·· 94
    5.2.1 模拟滤波器的设计 ·· 95
    5.2.2 数字滤波器的设计 ·· 96
    5.2.3 使用离散傅里叶变换进行数字滤波 ····················· 97
5.3 自适应滤波器的实现 ·· 99
5.4 多采样率滤波器的设计实例 ···································· 102
    5.4.1 CIC 滤波器的设计 ·· 104
    5.4.2 CIC 滤波器的分析与量化 ··································· 106
    5.4.3 补偿 FIR 滤波器的设计 ······································ 109
    5.4.4 补偿 FIR 滤波器的量化与分析 ··························· 110
    5.4.5 编程可调 FIR 滤波器的设计 ······························ 113
5.5 用 MATLAB 滤波器工具箱 GUI 进行滤波器设计 ······· 114

第6章 信号的统计参数与信号估计 ······························ 121
6.1 信号统计参数的估计与显示 ···································· 121
    6.1.1 基本工作模式(Basic Operations) ······················· 122
    6.1.2 流水工作模式(Running Operations) ··················· 122
    6.1.3 增容工作模式 ·· 124
6.2 线性预测 ·· 125
    6.2.1 自相关函数与线性预测系数的关系 ···················· 125
    6.2.2 莱文森-德宾(Levinson–Durbin)迭代 ·················· 126
6.3 自回归过程的参数估计 ··· 129
    6.3.1 自回归过程参数的估计方法 ······························ 130
    6.3.2 自回归参数的估计模块 ···································· 132
6.4 自回归过程的功率谱密度估计 ································ 134

第7章 复杂数字信号处理算法的实现 ··························· 137
7.1 在 Simulink 中使用自定义模块 ······························ 137
    7.1.1 Fcn 和 Interpreted MATLAB Fcn 模块 ················ 137
    7.1.2 MATLAB Function(MATLAB 函数)模块 ··········· 139
7.2 关于 S-函数(S-Function) ····································· 142
    7.2.1 S-函数的特征与类型 ·· 142
    7.2.2 S-函数的工作原理 ··· 143
    7.2.3 S-函数的实现与使用 ·· 144
7.3 在 Simulink 中使用 C 程序 ···································· 146
7.4 从 MATLAB 程序自动生成 C 代码 ························· 148
    7.4.1 MATLAB 代码生成器的特征 ····························· 148
    7.4.2 MATLAB 代码生成器的主要命令 ······················· 149
    7.4.3 用 MATLAB 代码生成器自动生成 C 程序的实例 ··· 149

第8章 信号处理系统的建模与仿真实例 ······················· 153
8.1 在多输入多输出(MIMO)通信接收机中采用逐个干扰相消 ··· 153

　　8.1.1　背景知识 ……………………………………………………… 153
　　8.1.2　逐个干扰相消的工作原理 …………………………………… 154
　　8.1.3　MIMO-OFDM 系统模型概述 ………………………………… 156
　　8.1.4　信道子系统 …………………………………………………… 158
　　8.1.5　最小均方误差检测子系统 …………………………………… 162
　　8.1.6　干扰相消与检测子系统 ……………………………………… 163
　　8.1.7　系统模拟与仿真 ……………………………………………… 163
　8.2　滤波器滑变（Morphing）在音频信号处理中的应用 ………………… 164
　　8.2.1　数字滤波器结构 ……………………………………………… 164
　　8.2.2　阿玛的罗滑变 ………………………………………………… 167
　　8.2.3　滤波器滑变系统模型概述 …………………………………… 170
　　8.2.4　滤波器滑变系统模型的子系统 ……………………………… 172
参考文献 ……………………………………………………………………… 177

第 1 章
Simulink 简介

1.1 什么是 Simulink

Simulink 是一款与 MATLAB 融为一体,对动态系统进行模拟、仿真和分析的应用软件。这样的动态系统可以是线性的,也可以是非线性的,可以是连续的、离散的,或者是两者混合的系统。用 Simulink 还可以对多速率系统进行有效的模拟、仿真和分析。

Simulink 是基于模型的系统设计方法的平台和工具

在建立系统模型的基础上进行系统设计是一个以系统模型为中心、以实现系统的要求和指标为目的进行系统的设计、实现、测试及验证的过程。在这一过程中,通过建模把通常以文字表达的对系统的要求、指标及规范转化成为一个可执行的系统模型。这一模型所代表的不仅仅是一个理想化、线性化的系统,而是在考虑并反映了实际系统及运行中可能存在的非线性、系统内部噪声、系统外部干扰等种种现象后得到的一个对系统的描述。使用 Simulink 等于是把用户的计算机变成了一个模拟和分析各种类型系统的实验室。

Simulink 的图形用户接口(GUI,Graphical User Interface)使用户能像用纸和笔构画系统方框图那样用 Simulink 提供的系统基本模块建立系统模型。Simulink 提供的系统基本模块库包括各类信号源,信号终端(显示、示波器等),各类线性和非线性器件、连线、接插件等。如果 Simulink 提供的模块不能满足需要,用户可以建立自定义模块。Simulink 提供的交互式图形环境极大地简化了建模过程,用户没有必要再像使用其他工具语言或程序那样去建立描述系统的微分或差分方程式了。

用 Simulink 建立的系统模型是多层次的。用户可以采用自上而下或自下而上的方法来建模。当在上一个层次观察系统模型时,双击一个系统模块就可以进入下一个层次。这种方法的一个优点是系统模型简洁明了,可以让最上层的模型中只包含构成系统的主要子系统模块,而把各个子系统的细节隐藏在各个子系统的模块中。如果有必要了解某个子系统的组成和细节,只要双击该子系统模块即可。多层次系统模型的另一个好处是,这样的建模方式可以帮助用户更加深刻地了解系统的组成以及系统的各个部分是如何联系在一起并相互作用的。

图 1-1 所示是一个音频信号的音响效果处理系统模型。图 1-1(a)是该系统的最上层的系统模型。该系统可对输入的单声道音频信号添加两种音响效果:立体声效果和 Flanging 效果。音响效果的选择是通过模型上部的手动转换开关来实现的。如果不关心各种音响效果的实现细节,观察图 1-1(a)这个最上层的系统模型就可以了。利用这个系统可以体验对单声道音频信号进行处理的实际效果。利用模型中下部的两个按钮,可以把原始音频信号和处理后的信号送到计算机所带的扬声器仔细倾听它们之间的差别,并且判断处理的效果是否达到了设计要求。如果有必要对处理的细节作修改,如改变处理子系统的一些参数,就必须了解音响效果处理子系统的组成、采用的算法等。如前所述,这可以通过双击处理子系统的模块来做到。图 1-1(b)就是双击 Flanging 效果处理子系统后所得到的该子系统的模型。从这个

子系统模型可以看出，Flanging效果处理实际上是把一个原始信号进行可变量延迟后再和原始信号合成（叠加）的过程。延迟量的变化是通过一个幅度为15的正弦波与一个常数20相加来得到的。加上一个常数20是为了保证延迟量始终是一个大于零的值。图1-1中的系统模型包含在本书所附的光盘中，读者可以自己进行多种实验，体会用Simulink进行系统模拟、仿真和分析的过程。

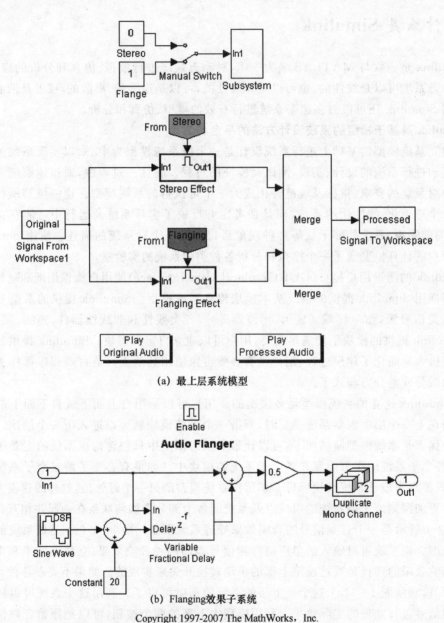

图1-1 音频信号的音响效果处理系统模型

Simulink是进行交互式系统仿真的工具

使用Simulink可以进行交互式的系统仿真。可以在系统模型运行的时候改变参数并且能马上看到参数改变对系统性能的影响。在 Simulink 中，MATLAB 提供的所有分析工具都可以使用，因此可以对系统仿真的结果进行分析和观察。Simulink 提供多种示波器模块和其他显示模块，使用这些模块可以在仿真运行的过程中观察仿真结果，随时修改系统模型和调整仿真参数。

1.2 Simulink 的工作原理

凡是像 Simulink 这样复杂的系统模拟，仿真软件在运行前都要对软件系统进行设置，也就是要设定软件系统工作环境的一些基本参数。这些参数对于用户来说，有的是直接明了的；有些是隐含的；有些是一定要使用者作出选择和规定的；有些则是可以使用系统预设的。一方面，要让一个软件系统工作在一个合适的状态，这些参数的设定极为重要；另一方面，对一个软件用户，如何选择合适的系统运行参数往往极为棘手，对初学者来说，更常常无从下手，不知所措。本节将简单讨论 Simulink 的工作原理。希望读者通过对工作原理的了解，能对系统参数的内涵，以及它们对系统运行的影响有一个初步的认识，从而为我们在实际使用时对系统参数的设定有所帮助。

一个输出随时间的变化而变化的系统通常被称为动态系统。Simulink 是对动态系统进行模拟、仿真和分析的软件。Simulink 可以用来研究大量现实世界中存在的各种各样的动态系统如电子线路系统，通信系统，其他机电、热动力系统等。使用 Simulink 对一个动态系统进行仿真可以分两步走。第一步是需要建立一个系统模型，或者叫系统方框图。这样的方框图用图形描述了系统的输入、状态和输出之间依赖于时间的数学关系。第二步就是让 Simulink 对由上述框图或模型所代表的系统在某个规定的时间区段上，即从某个时间起至某个时间止，进行仿真。

1.2.1 动态系统的模拟

一个 Simulink 系统框图或模型是一个动态系统数学模型的图形表示。一个动态系统的数学模型通常可以用一组方程式来描述。这样的数学方程式叫做代数、微分或差分方程。用 Simulink 对动态系统进行模拟涉及下面一些重要概念。

1. 框图符号

传统上，动态系统的框图模型由方框（或者称为模块）及连线组成。这一表示方法起源于反馈控制理论、信号处理等工程领域。一个框图中的每个方框或模块都代表着一个基本动态系统。框图中基本动态系统间的关系是通过连接模块的信号来描述的。框图中所有模块和连线集合在一起描述了一个总的动态系统。

Simulink 沿用了这些传统的框图模型，并将构成框图的模块分成两大类：一类是非虚拟模块；另一类则是虚拟模块。非虚拟模块代表的是基本系统，而虚拟模块则是为图形的组合、描绘的方便而设置的。这些虚拟模块对建立由框图模型表示的系统方程并不起什么作用。总线产生器和总线选择器就是这样的虚拟模块的例子。它们的作用仅仅是为了不使框图过分拥挤而把一组信号"捆绑"在一起。采用虚拟模块可以使模型变得更简洁、明了，从而具有更强的可读性。应该注意到的是，一般的流程图也是由模块及连线组成的。但是很多动态系统的描述仅仅借助于流程图还远远不够。

通常，用"基于时间的模型"来把描述动态系统的模型与其他形式的模型区分开来。在 Simulink 里，讨论的系统几乎都是动态系统，因此，本书就简单地把"基于时间的模型"简称为模型。除非有必要，本书不再对这两种叫法加以区分。

一个基于时间的模型具有以下的一些含义：

① Simulink 模型确立了信号与状态变量之间随时间的变化而变化的相互关系。在用户规定的"起始时间"和"结束时间"之间的所有时间点上这些相互关系的取值构成了系统模型的解。对这些相互关系取值的时间间隔被称为时步。

② 信号是随时间变化而变化的物理量。这样的物理量在模型的起始与结束间的所有时间点上都具有确切的定义。

③ 由所有模块代表的一组方程式确立了系统信号与状态变量之间的相互关系。而每个模块也是由一组方程式组成的，它们确立了该模块的输入信号、输出信号及模块的状态变量之间的相互关系。与方程式随之而来的是一个叫做"参数"的概念，它们是方程式中的方程变量的系数。

2. 建立模型

利用 Simulink 提供的图形编辑器，可以把从 Simulink 模块库中选取的各种模块连接起来以建成所需的系统模型。Simulink 的库浏览器中罗列了按应用领域和模块功能分类的多个模块库，这些 Simulink 模块库里提供的模块大多是基本的建模模块，这些模块通常称为"内建模块"。用户也可以根据自己的要求产生和建立自己的模块，这一类模块就称为"自建模块"。第 2 章将更详细地介绍如何用 Simulink 提供的基本模块建立系统模型。

3. 时 间

时间是框图模型的一个内在分量，因为框图模型的仿真输出是随时间的变化而变化的。换句话说，一个框图模型代表的是动态系统一个瞬间的行为。要得到系统随时间变化的全部行为就必须在一个时间区段上按一定的时间间隔，即时步，反复地执行系统模型。Simulink 把这种在连续时步点上反复执行系统模型的过程称为对该模型所代表的动态系统的仿真。

4. 状 态

一般说来，一个系统或模型及其输出的当前值是某些时变变量过去值的函数。这些时变变量通常称为状态。要计算一个框图模型的输出就需要把状态变量在当前时步点的值储存下来以供下一个时步点计算输出之用。

Simulink 模型中的变量可以有两种状态，即连续状态和离散状态。连续状态是连续变化的。一辆汽车所在的位置和速度就是连续状态的例子。离散状态是对连续状态的一种近似。离散状态只在一个周期性或非周期性的有限时间间隔点上更新或取值。一个数字化的里程表所表示的一辆汽车所在的位置就是离散状态的例子，因为数字里程表是不连续更新的。譬如，有的数字里程表每秒钟才更新一次。当一个离散状态更新或取值的时间间隔趋于零时，该离散状态就等同于连续状态。

一个模型的状态是由一些模块隐含定义的。特别地，如果一个模块的输出需要用其过去的一些或全部的值来计算当前值，那么该模块就定义了一组状态，这些状态在时步间的取值就必须储存起来。一般称这一类模块具有状态并用图 1-2 来表示。

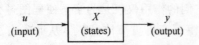

图 1-2 具有状态的 Simulink 模块图形表示

含有连续状态的 Simulink 的基本模块有积分器模块、状态空间模块、传递函数模块和零极点模块。一个模型的状态的总数是其所有模块所定义的状态数的总和。Simulink 在仿真的编译阶段,对系统框图进行分析,确定该框图所含模块的类型并把各类模块所定义的状态综合起来以确定系统状态的总数。

连续状态

计算连续状态需要知道其变化的速率,即导数。而一个连续状态的变化率本身一般说来也在连续变化,也就是说,变化率本身也是一个状态变量。要计算一个连续状态的当前值就必须对从仿真开始至当前时间的状态值进行积分,因此模拟连续状态包含积分操作和计算每个时间点上状态导数的过程。Simulink 用积分器模块实现积分操作,并通过连接到该积分器模块的其他一系列模块实现计算状态导数的方法。Simulink 通过图形描述常微分方程(ODE,Ordinary Differential Equation),进而描述现实世界中的动态系统。

一般来说,除了简单的情况外,描述现实世界中的动态系统的常微分方程并不存在解析解。求解常微分方程的解,通常通过数值方法来实现。不同的常微分方程的数值解法对计算的复杂度和求解的准确度有着不同的考虑和兼顾。Simulink 提供了大多数常用的常微分方程的数值解法,用户可根据自己的要求选择合适的解法。

如前所述,连续状态的当前值是对该状态的值从仿真开始起进行积分得到的。数值的准确度取决于时步的大小,时步越小,仿真就越精确。有些常微分方程的求解器,其步长可变,求解器可以根据状态的变化速度,自动地调整步长以使整个仿真达到预先规定的精度。在 Simulink 里,如果采用固定步长求解器,用户可以规定步长的大小。如果采用可变步长求解器,步长则由求解器决定。为了尽可能减少计算量,可变步长求解器在考虑到使变化率最大的状态也能达到用户规定的总的精度要求的条件下选取最大的步长。

离散状态

求解离散状态需要知道当前时间与状态在前一更新时间的取值之间的关系。Simulink 把这一关系称之为状态的更新函数。一个离散状态不仅与该状态在前一时步点的取值有关,也取决于模型的输入。因此模拟一个离散状态就必须模拟该状态对系统在前一时步点的输入的依赖关系。Simulink 用称为离散模块的特殊形式的模块来描述更新函数及模拟系统状态对系统输入的依赖关系。

与连续状态一样,离散状态对仿真的时步大小也有一定限制。具体地说,时步大小的选择必须保证模型中各状态变量的离散采样点也是时步点。通常把对步长选择的这一限制简称为步长选择的采样点限制。满足这一限制的任务是由 Simulink 的离散求解器来完成的。Simulink 提供了两种离散求解器:固定步长离散求解器和可变步长离散求解器。固定步长求解器根据前述限制确定其步长,即不管系统状态是否在离散采样点上改变取值,模型中所有状态的离散采样点必须也是时步点。而可变步长离散求解器不断变化步长以保证时步点只出现在状态改变取值的离散采样点上。

模拟混合系统

既含有离散状态也含有连续状态的系统是混合系统。严格来讲,混合系统是因为有了连续和离散采样时间才导致连续和离散状态的出现。在求解这样一个混合系统时,步长的选择必须既满足连续状态中对积分的精度限制,也同时满足离散状态下的采样点限制。为满足这一要求,Simulink 先由离散求解器确定其下一个与时步点重合的采样点,然后由连续求解器确定下一个时步点,新的时步点可以因为精度限制其跨度达不到上述采样点,但不能超越这个采样点。

5. 模块参数

Simulink 提供的许多模块的主要性质是通过参数来表达的。例如常数模块的常数值就是常数模块的一个参数。通过模块对话框,用户可以设定参数化模块的参数值,也可以用MATLAB 的表达式来设定参数值。Simulink 在仿真运行前会首先执行那些 MATLAB 表达式。还可以在仿真运行过程中改变参数值,这就可以交互式地确定什么是参数的最佳取值。

参数化的模块实际上代表了同一类相似的模块。譬如,在建模时对不同场合下的常数模块设定不同的参数即常数值,那么这些常数模块的作用在不同的场合下就会是不同的。因此将模块参数化极大地增强了 Simulink 基本模块的模拟能力。

参数的变化随之带来的是模型含义的变化。Simulink 允许用户在模型执行过程中修改模块参数。应该指出的是,模型运行时参数的变化并不马上发生作用,而是要等到下一个时步点才会生效。

6. 可调参数

如果 Simulink 模型在执行时,一个参数的取值可以变化,那么这个参数就称为可调参数。很多模块参数都是可调的。举例来说,增益模块的增益参数就是可调的。在 Simulink 运行时,可以改变增益的数值。如果一个参数是不可调的,那么 Simulink 在运行时就会让对设定该参数的对话框的控制失去作用。Simulink 可以由用户指定哪些参数可调,哪些不可调。可调参数的减少可加快模型的执行速度,也可以获得运行更快的(从 Simulink 模型产生的)源代码。

7. 模块采样时间

Simulink 里的每个模块都有一个采样时间,即使对连续模块,像定义了连续状态的模块,如积分器等,以及不定义任何状态的模块,如增益模块等,也是如此。离散模块的采样时间通过模块的采样时间参数来指定,而连续模块的采样时间则被认为是无限小或者称为连续采样时间。一个既不是离散也不是连续的模块的采样时间是不言明的、隐含的。它们的采样时间由其输入信号决定。如果该模块的任何一个输入是连续的,那么这个模块的采样时间就是连续的,否则这个模块的采样时间就是离散的。如果所有输入信号的采样时间都是某个最短采样时间的整数倍,那么这个最短的采样时间就是该模块的隐含的离散采样时间,否则隐含的离散采样时间等于其输入的基本采样时间。基本采样时间就是一组采样时间的最大公约数。

Simulink 有时用色码来标识模块的采样时间,如黑色(连续采样)、深红(固定采样时间)、黄色(混合采样)、红色(最快的离散采样时间)等。

8. 自定义模块

Simulink 允许用户建立自定义模块库。自定义模块既可以用图形也可以用编程的办法来实现。用图形实现时,需要先画出描述模块功能的框图,然而把这个框图置于一个 Simulink 子系统中,最后利用所谓"加面具"的办法给该子系统模块加上参数对话就形成了一个用图形建立的自定义模块。

如果通过编程的办法来实现,可以先写一个 MATLAB 文件或 MEX 文件。这样的文件因含有模块的系统函数,而被称为 S-函数。将该文件与一个空置的 Simulink S-函数模块对应起来,即形成用户需要的自定义模块。与建立图形式的自定义模块一样,可将该S-函数自定义模块置于一个Simulink子系统中并给该子系统加上参数对话。

9．系统与子系统

Simulink系统框图可以由多个层次组成,每一层次都定义了一个子系统。子系统是总的系统框图的一个部分,但其本身并不独立形成一个模型框图。建立子系统的主要目的是为了把一个复杂的系统模型框图组织得更有条理,结构更为清晰。

如同模块的分类一样,子系统也分成两类,虚拟子系统与非虚拟子系统。它们的主要差别在于非虚拟的子系统的执行与取值的过程是可控的。

模型等级的平坦化

Simulink在准备模型执行时,会把需要在一起进行运算取值的方程(或叫模块法)收集起来以产生所谓的"内部系统",这是与通常的基于时间的框图所不同的地方。Simulink借助于这些"内部系统",对模型执行进行管理。

粗略地说,与最上层的模型框图相对应有一个被称为根系统的内部系统,而与其他子系统则对应有低层次的内部系统。这些内部系统可以在程序错误排除(debug)器中看到。产生这些内部系统的过程叫做框图等级的平坦化。

条件执行子系统

用户可以建立在一定条件下才执行的子系统,这类子系统通常被称为条件执行子系统。条件执行子系统的执行条件可以是某个启动装置的触发,某个函数的执行或者某个使能输入的出现等。

10．信　号

Simulink把随时间的变化而变化并在所有时间点上都有值的物理量称为信号。信号具有多种属性,如信号名称、数据类型(例如8 bit,16 bit或32 bit的整数)、数值类型(实数或复数)和维数(一维或二维阵列等)。Simulink的许多模块可以接受或输出任何数据或数值类型、任何维数的信号,有的模块则有所限制而只能处理具有某些特定属性的信号。

Simulink用带有箭头的线条表示信号。表示信号源的模块在该模块运算、取值时,将信号写出。表示信号目的地的模块则在模块运算、取值时将信号读入。

11．模块法

在数学上,模块表示了多个方程,而这些方程则代表了不同的模块法。在模型框图执行时这些模块也一一得到执行。Simulink中常见的由模块法实现的功能有如下几种类型:

输出

根据当前时步点的输入和前一时步点的状态计算模块(当前时步点)的输出。

更新

根据当前时步点的输入和前一时步点的离散状态计算当前时步点的离散状态。

导数

根据模块当前的输入和前一时步点的状态值计算当前时步点模块的连续状态的导数。

12．模型法

除了模块法外,Simulink也有计算模型性质和输出的方法,叫做模型法。仿真时Simulink利用模型法确定模型的性质和输出。一般说来,模型法的实现采用的是同类型的模块法。

1.2.2　动态系统的仿真

动态系统仿真是一个根据系统模型在一个特定的时间段上计算系统的状态及其输出的过

程。仿真开始后，Simulink引擎将执行如下的一些操作。

对模型进行编译

首先Simulink引擎调用模型编译器将系统模型转换成可执行的形式，这一编译过程包括下列活动：

① 计算模块参数表达式以获得参数取值。

② 确定信号属性：如名称，数据类型，数值类型及其维数，并判断每个模块是否能够接纳连接到其输入端的信号。

③ Simulink把源信号的属性传递到该信号驱动的模块的输入端（这一过程称为"属性传递"）。

④ 进行模块递减优化。

⑤ "推平"或叫"平坦化"模型等级。

⑥ 对模块执行阶段的执行次序进行排列。

⑦ 确定所有没有明确规定的模块的采样时间。

确定模块的更新次序

Simulink在仿真过程的每个时步上对模型中所有模块的状态和输出进行更新。很显然模块更新的运行对仿真结果是否正确极为关键。特别的，如果一个模块的输出与其输入有关，那么该模块就必须在驱动其输入的模块更新输出后再行更新，否则该模块的输出就会出错。为保证仿真结果正确无误，Simulink在仿真过程的模型初始化期间需要确定模块的更新次序。

确认直通口

为获得正确的更新次序，Simulink对模块的输入口类型按其与输出口的关系进行了分类。如果一个模块的输入口的当前值决定着该模块的某一个输出口的取值，那么这类输入口就叫做直通口。增益模块、乘法器和加法器就是具有这类直通口的模块。反之，积分器模块则没有这类直通输入端，因为积分器的输出只与模块的状态有关。其他没有直通输入端的模块包括常数模块（没有输入）和记忆模块（其输出取决于模块在前一时步点的输入）。

链接

Simulink在完成模型框图的编译后，即进入链接阶段。在这一阶段，Simulink引擎为框图执行时的信号、状态运行参数等配备存储资源，并为保存各模块运行信息的其他数据结构分配并初始化存储资源。对内建模块，其主要的运行数据结构叫做SimBlock。SimBlock是用来储存指向模块输入输出缓冲寄存器及状态和工作向量的指针。

产生方法执行列表

链接时，Simulink根据编译时产生的次序列表构成并产生方法执行列表。这些方法执行列表给出了为计算各模块输出而执行的各模块法的顺序。

进行仿真循环

在编译和链接后，模型框图的执行进入仿真循环阶段。在这一阶段，Simulink引擎以一定的时间间隔，从仿真的起始时间起到结束时间止连续不断地计算仿真系统的状态和输出。前后两个时间点之间的长度称为时步。时步的大小与所用的求解器有关。

仿真循环包含两个子阶段：循环初始化和循环迭代。循环的初始化只在循环开始时出现一次，而循环迭代则在各时步点，从仿真开始到结束反复不断地进行。

仿真开始时,待仿真系统的初始状态及输出由系统模型规定。在每个时步点,Simulink 计算新的输入状态及输出并更新模型,以反映计算获取的新的数值。这一过程直至仿真结束。Simulink 提供了多种数据显示和记录模块,这些模块用在用户构建的模型里就可以显示和/或记录仿真的中间结果。

1.2.3　Simulink 求解器

　　Simulink 利用模型提供的信息在规定的时间区间上通过计算前后时间点的系统状态对动态系统进行仿真。这一根据系统模型计算相继的系统状态的过程称为模型求解。由于系统的多样性和复杂性,并不存在单一的模型求解方法可以为各类系统所采用。为此 Simulink 提供了多种模型求解器。每一种求解器对应着一种特定的模型求解方法。用户可以通过Simulink 模型编辑器(model editor)菜单上的"参数设置(Simulation/Configuration Parameters)"对话框选择一种最合适的模型求解器。

固定时步求解器与可变时步求解器

　　Simulink 的求解器分成两大类:固定时步求解器与可变时步求解器。固定时步求解器在固定间隔的时间点上,从仿真开始起到仿真结束止求解系统模型。时间间隔的大小称为步长,步长可以由用户规定,也可以由求解器自行确定。一般来说,减小步长可以增加仿真结果的准确性,但是会延长仿真时间。

　　可变步长求解器则在仿真过程中变化时步的大小。当模型的状态快速变化时,步长相应减小以增加仿真的准确度。而当模型状态变化缓慢时,适当增加步长以避免不必要的时步点。在每个时步点确定下一个步长会增加计算量,但是对于具有变化迅速或者分段连续状态的系统模型来说,这样做可以减少总的时步点数,从而减少总的为达到某个规定的精度所需要的仿真时间。

连续求解器与离散求解器

　　Simulink 可采用连续求解器或离散求解器。

　　连续求解器根据模型中连续时间状态在前一时步点的状态值及其导数,通过数值积分的方法计算连续时间状态在当前时步点的取值。采用连续求解器时,模型中的离散状态由各模块在每个时步点上计算获得。

　　描述动态连续时间状态的常微分方程(ODE)的解通常通过数值积分的办法得到。数学上已经存在大量的这样的数值方法。Simulink 提供了一系列固定步长和可变步长的连续时间求解器,每种求解器采用一种特定的求解常微分方程的数值方法。

　　离散时间求解器主要用来求解单纯的离散时间系统。它们不能用来计算连续时间状态。而模型的离散时间状态的更新是通过各模块来计算、实现的。

　　Simulink 中有两种离散时间求解器,固定时步求解器与可变时步求解器。固定时步求解器是根据模型中变化速度最快的状态变量来确定一个固定的时步。而可变时步求解器则是随时调整仿真步长以反映模型离散时间状态的实际变化率,这就避免了一些不必要的时步,从而加快了仿真速度。

主、次时步

　　有些连续的时间求解器把仿真的时间段分成主要时步和次要时步,次要时步是主要时步中的某个分部。求解器除了在主要时步上计算、更新连续时间状态以外,还在有必要的时候在次要时步上计算更新状态值以提高模型仿真在主要时步点的准确程度。

代数环

有些 Simulink 模块的输入端是"直通口",也就是说这些模块只有在首先确定了其输入信号的取值后,才能计算其输出值。下面给出的是一些具有"直通"输入端的模块。

- 数学函数模块。
- 增益模块。
- 求积模块。
- 具有非零 D 矩阵的状态空间模块。
- 求和模块。
- 分子、分母阶数相等的传递函数模块。
- 零极点个数相同的零极点模块。

如果一个模块的"直通"输入端为其输出端所驱动,这种驱动可以是直接的驱动,也可以是通过其他具有"直通口"模块的间接驱动,那么一般说来就会产生一种叫做"代数环"的现象。图 1-3 就是一个简单的"代数环"的例子。

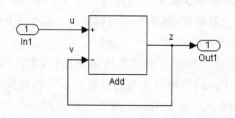

图 1-3 代数环

首先注意到,该模块是一个求和模块,两个输入端口都是所谓的"直通输入端口"。其次,求和模块的一个"直通输入端口"被该模块的输出端直接驱动着,这样就出现了所谓"代数环"的现象,从数学上看,该模块意味着

$$Z = U - Z$$

因此这一代数环的解是 $Z = U/2$。一般情况下的"代数环"要比图 1-3 中的复杂,它们的解法很难通过观察获得。

第 2 章 Simulink 的基本知识

2.1 Simulink 的基本操作

2.1.1 启动 Simulink

启动 Simulink 前,必须首先启动 MATLAB。打开 MATLAB 后,有两种方式可以启动 Simulink:
- 单击 MATLAB 工具栏上的 Simulink 图形符号。
- 在 MATLAB 命令工作区(或叫命令窗,Command Window)输入 simulink。

如果使用的是微软窗口操作系统,那么在执行上述任何一个操作后,工作平台上就会出现如图 2-1 所示的 Simulink 库浏览器,表明 Simulink 已经成功启动。

图 2-1 Simulink 库浏览器

在 Simulink 库浏览器里,可以看到如树结构般的各类已经安装了的 Simulink 模块库。利用这些模块库提供的基本模块,用户可以建立从非常简单到极为复杂的系统模型。

2.1.2 打开系统模型

Simulink 的系统模型文件是具有专门格式的模型文件,以.mdl 或.slx 作为其后缀。用户可以通过下述的任何一种方式来打开 Simulink 系统模型。

① 单击 Simulink 库浏览器工具栏上的 Open 按钮或者选择库浏览器 File 菜单中的 Open,然后选择或输入需要打开的系统模型的文件名。

② 在 MATLAB 的命令窗内,输入欲打开的系统模型的文件名(注意要略去文件的后缀.mdl)。该系统模型文件必须在 MATLAB 的当前目录内或在 MATLAB 的搜索路径的某个目录内。

2.1.3 输入 Simulink 命令

Simulink 通过执行用户发出的各种命令来工作。首先认识一下几个 Simulink 的常用窗口。除了启动 Simulink 后已经看到的 Simulink 的库浏览器,其他常用的 Simulink 窗口包括模型资源管理器(Model Explorer,见图 2-2)、模型特征窗(Model Properties,见图 2-3)、模型窗(见图 2-4)等。Simulink 命令大都在 Simulink 模型窗中执行。

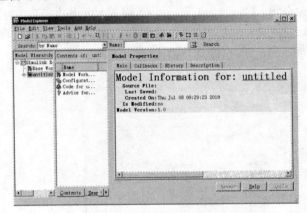

图 2-2　Simulink 模型资源管理器

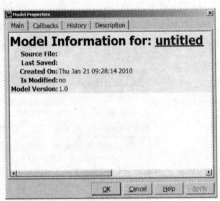

图 2-3　Simulink 模型特征窗

一个 Simulink 模型窗一般有 3 个工具栏:Simulink 命令菜单(Simulink Command Menu)、Simulink 工具栏(Simulink Toolbar)和 Simulink 状态栏(Simulink Status),如图 2-4 所示。用户可以通过如下几种方式输入 Simulink 命令:

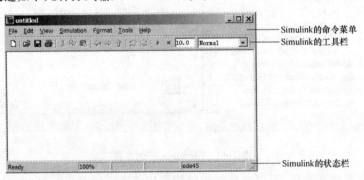

图 2-4　Simulink 的模型窗口

① 通过 Simulink 命令菜单输入命令。通过这个命令菜单发出的 Simulink 命令只对这个窗口内的内容起作用。

② 用与上下文相关联的命令菜单输入命令。在 Simulink 模型窗内,右击鼠标会出现一个 Simulink 命令菜单。命令菜单内容与鼠标的位置有关。当鼠标指向模型中某个模块或某个子系统时,其菜单内容分别如图 2-5 和图 2-6 所示。

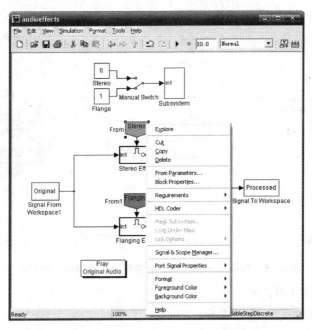

图 2-5　鼠标指向模型中某个模块时的菜单内容

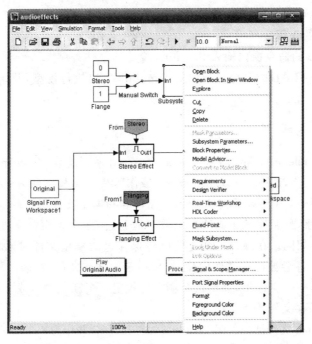

图 2-6　鼠标指向模型中某个子系统时得到的命令菜单

当鼠标指向模型窗口的空白区时,Simulink 则显现不同的菜单,如图 2-7 所示。

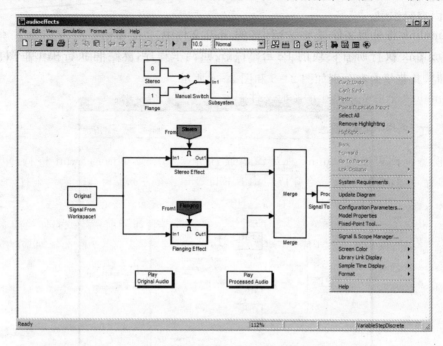

图 2-7 鼠标指向模型窗口的空白区时得到的命令菜单

③ 用 Simulink 的工具栏输入 Simulink 命令。

在图 2-4 所示的 Simulink 模型窗口内,有一个 Simulink 工具栏。这个工具栏是否出现可以通过是否选择 Simulink 命令菜单中 View 菜单下的 Toolbar 可选项来决定。工具栏上有很多与常用 Simulink 命令相对应的按钮,包括打开、运行或关闭 Simulink 模型等。如果对某个按钮的作用不明确可以把鼠标移到该按钮上,这时会出现一个小小的窗口,窗口内将显示一排文字,解释该按钮的作用。

④ 在 MATLAB 的命令窗内输入 Simulink 命令。

用户可以在 MATLAB 的命令窗口内对 Simulink 发出执行模型,开始或结束仿真以及与分析仿真结果有关的命令。

2.1.4 保存系统模型

用 Simulink 菜单 File 下的 Save 或者 Save as 命令保存系统模型。Simulink 在保存模型时产生一个特殊格式的模型文件,这种文件以.mdl 或.slx 或作后缀,含有模型框图及所用模块的特征。

第一次保存模型时,用 Save 命令并提供一文件名和模型文件保存的地点。文件名应以字母开头,而且含有的字母、数字或下画线的总数不应超过 63 个。模型文件名也不能与任何一个 MATLAB 命令名相同。在保存一个先前已经保存过的模型文件时,如果用 Save 命令,那么前面保存过的文件将会被现有文件代替,如果不希望之前文件被代替,可以用 Save as 命令把现有模型保存在另一个文件里,并给这个新文件规定一个新文件名或文件的保存地点。

Simulink 模型保存文件的步骤如下:

① 如果同名的.mdl 文件已经存在,Simulink 先将其改名,并作为一个临时文件保存起来。

② Simulink 执行所有模块的 PreSaveFcn 回调子程序[①]，然后执行模型框图的 PreSaveFcn 程序。

③ Simulink 将模型文件写入一个同名的 .mdl 文件中。

④ Simulink 执行所有模块的 PostSaveFcn 回调子程序，然后再执行模型框图的 PostSaveFcn 回调子程序。

⑤ Simulink 消除先前产生的临时文件。

2.1.5 打印模型框图

打印模型框图可在 Simulink 模型窗内通过选择 File 菜单内的 Print 进行，也可以在 MATLAB 命令窗内用 Print 命令完成。按下 File 菜单中的 Print 后会跳出一个打印对话框。通过这个对话框，用户可以按需要选择需打印的模型或子系统。

发出打印命令的模型或系统称为当前系统。可以选择打印当前系统或打印当前系统以及在当前系统之上的模型等级层内的其他子系统，图 2-8(a) 是与后一种选择对应的对话框。同时也可以打印当前系统以及在当前系统之下的模型等级层内的其他子系统。图 2-8(b) 是与这种选择对应的打印对话框。注意到在图 2-8(b) 中，选择 Look under mask dialog 复选框，则当前及以下各层次中的屏蔽子系统都会被打印出来，而选择 Expand unique library links 则打印使用到的模块所在的模块库中的所有模块。另外两个可选项是 Include Print Log 和 Frame，前者给出所打印的模块及系统清单，后者则可在所有打印的框图上加上标题。

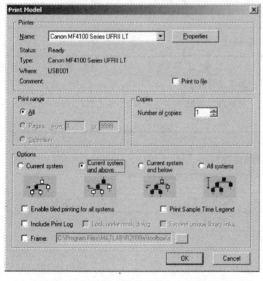

(a) 打印当前系统以及在当前系统之上的模型等级层内的其他子系统

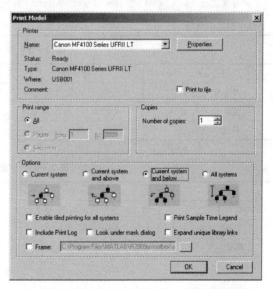

(b) 打印当前系统以及在当前系统之下的模型等级层内的其他子系统

图 2-8 打印系统框图的几种选择

---

① 回调子程序是一组可执行的 MATLAB 命令或程序。它们与模块或模型的参数相依附。

2.1.6 常用鼠标和键盘操作

表 2-1 列出了与模块、线条及信号标识有关的常用鼠标及键盘操作,这些操作适用于微软窗口操作系统。在这些表格中,LMB 表示按下鼠标左键(Left Mouse Button),RMB 表示按下鼠标右键(Right Mouse Button),+表示同时操作。

表 2-1 模块操作

任 务	操 作	任 务	操 作
选取模块	LMB	连接模块	LMB
选取多个模块	Shift+LMB	断开模块	Shift+LMB+拖开模块
从另一窗口中复制模块	LMB+拖入复制处	打开所选子系统	Enter
搬移模块	LMB+拖至目的地	回到子系统的母系统	Esc
在同一窗口内复制模块	RMB+拖至目的地		

表 2-2 线条操作

任 务	操 作	任 务	操 作
选取连线	LMB	移动线段	LMB+拖行
选取多条连线	Shift+LMB	移动线段拐角	LMB+拖行
画分支连线	Ctrl+LMB+拉连线 或 RMB+拉连线	改变连线走向	Shift+LMB+拖行
画绕过模块的连线	Shift+LMB+拖行		

表 2-3 信号标记操作

任 务	操 作	任 务	操 作
产生信号标记	双击信号线,输入标记符	编改信号标记	单击标记符,编改
复印信号标记	Ctrl+LMB+拖动标记符	消除信号标记	Shift+单击标记+Press Delete
移动信号标记	LMB+拖动标记符		

表 2-4 注文操作(评注)

任 务	操 作	任 务	操 作
加入注文	双击框图空白的区域,输入注文	编辑注文	单击注文,编辑
复印注文	Ctrl+LMB+拖行注文	消除注文	Shift+单击注文+Delete
移动注文	LMB+拖行注文		

2.2 用 Simulink 建立系统模型

本节将通过一些实际例子来介绍如何用 Simulink 建立系统模型。如同学习其他任何一种编程语言一样,用 Simulink 建立系统模型并达到熟练准确的程度需要不断地练习。熟悉 Simulink 模块库提供的各种基本模块的功能和应用范围,同时在实践过程中建立自己的模块库会使得建立的模型及子系统模块的可重复使用性不断提高,也使得用 Simulink 建模的效率和速度不断提高。

为了开发一个数字信号处理系统并对该系统进行软件仿真,有一系列的工作要做。这些工作通常包括系统功能、指标的确定;关键信号处理算法的开发;完整系统的构造;测试平台的搭建;系统和仿真及功能、指标的测试等。这些工作可以用图 2-9 所示的流程图来表示。

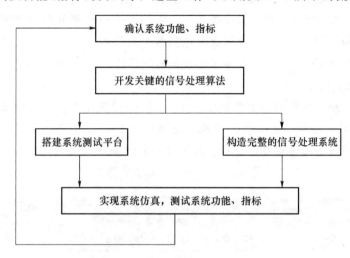

图 2-9　一个常用的系统开发流程图

从图 2-9 所示的流程图可看出,一个系统的开发过程不是一个一次性的操作,而是一个不断反复、不断完善的过程。Simulink 是一个实现上述流程图的理想平台和工具。Simulink 不但是进行完整的系统设计、实现上述流程的理想平台,也是实现子流程和实现子系统的理想平台。事实上每个子流程或子系统的实现开发都可以用同图 2-9 一样的流程来描述,只不过规模上要小一些罢了。

2.2.1　系统框图

首先讨论传统意义上的系统框图。通常在设计开发一个数字信号处理算法或一个信号处理系统前,设计者会画一个系统框图。这个系统框图应该描述系统的基本结构、信号的流向、子系统信号的输入与输出、子系统之间的接口以及系统运行所需要的控制等。这样的系统框图是编写系统仿真软件的基础。同样,这样的系统框图有助于用 Simulink 建立系统模型。

假设要设计一个计算信号的和与差的系统。这样一个系统的系统框图可由图 2-10 表示。

应该注意到,系统框图与本章开始时提到的系统设计流程图是有所区别的。例如,对于计算信号的和与差的系统,其系统流程图可由图 2-11 表示。

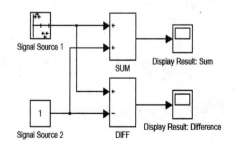

图 2-10　计算信号的和与差的系统框图

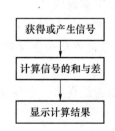

图 2-11　计算信号的和与差的系统设计流程图

2.2.2 模块的选择

在确定了系统框图后,就可以着手建立系统模型。建立系统模型的第一步是从 Simulink 的模块库中选取合适的基本模块。假设图 2-10 中的两个信号源分别是正弦波和常数,那么建立图 2-10 所示的系统模型的系统模块将包括两个信号源,即一个正弦波信号产生器和一个常数信号源;两个加减法模块,一个用来实现信号的求和,一个用来实现信号的求差;以及两个用来显示计算结果的示波器。

单击 Simulink 模块库窗口左上角处于 File(文件)菜单按钮下的新模型或空白模型按钮,一个名为"Untitled"的新模型窗口就会出现。分别把从 Simulink 模块库的信号源,数学操作及 Simulink 汇合模块子库中得到的 6 个模块拖到新的模型窗口内,如图 2-12 所示。该图所示的模型保存在本书所配光盘中的 diffsum_parts.mdl 文件中。

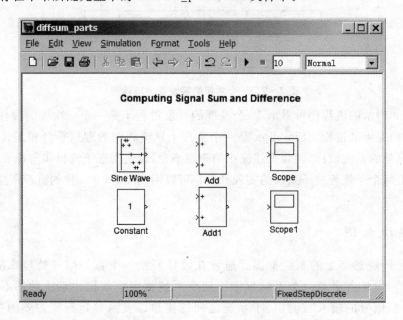

图 2-12 建立计算信号的和与差的系统模型所需要的 Simulink 模块

2.2.3 模块的连接

在选取了建立系统模型所需要的模块后,可以根据系统框图将模块连接起来。连接两个模块的操作有如下两个步骤:

① 用鼠标选中源模块。

② 按下 Ctrl 键的同时单击目标模块。

这样两个模块间必要的连接就会一次完成。也可以一次用一条线把两个模块连接起来。这样的操作包括下面 4 步:

① 把鼠标箭头放在第一个模块的输出口上,位置无须很精确,这时箭头会变成一个十字叉。

② 单击并持续按下鼠标左键。

③ 把鼠标箭头拉到第二个模块的输入口，这时鼠标箭头变成双十字叉。

④ 放开鼠标键。

图 2-13 给出了连接所有系统模块后形成的信号和、差计算系统模型，相应的 Simulink 模型文件是 diffsum_parts_connect.mdl。

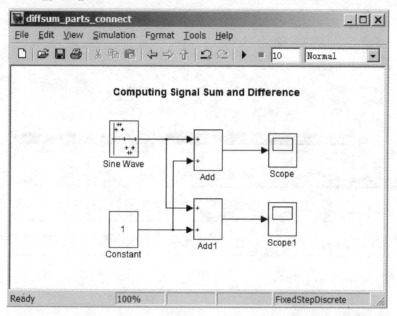

图 2-13　将 Simulink 模块连接后得到的系统模型

2.2.4　设置模块参数和添加评注

选取了组成系统的模块并按系统框图连接了所有的模块后，需要检查每个模块的参数设置，并作必要的改动。

双击 Sine Wave 模块，得到如图 2-14 所示的 Sine Wave 参数设置窗。这个模块的参数已经在图 2-14 中作出了规定。

对常数信号源，其参数的设置按照图 2-15 所示进行。模型的参数设置窗口见图 2-15。

图 2-13 中的两个加法器没有参数需要设置。但要适当地改变输入端口的符号，使其成为用户需要的加法器或减法器，这样操作的结果如图 2-16（a）和 2-16（b）所示。在所有模块的参数设置完毕后，再把每个模块的标识注文作适当地修改以使它们更加确切地体现各模块在系统中的作用。单击每个模块注文，就可以编辑修改标识注文。

在完成这一工作后得到的系统模型描绘在图 2-17 中。相应的 Simulink 模型文件是本书配套光盘中的 diffsum.mdl。图 2-17 所示为一个完整的可运行的计算两个信号和与差的 Simulink 系统模型。假设事先将 Simulink 工具栏的"Simulink stop time"设为 10，按下 Start Simulation 按钮，该模型就会运行 10 s。幅度为 1 的正弦波与一个常数 1 的和与差的结果显示在模型中的两个示波器上，如图 2-18（a）与 2-18（b）所示。

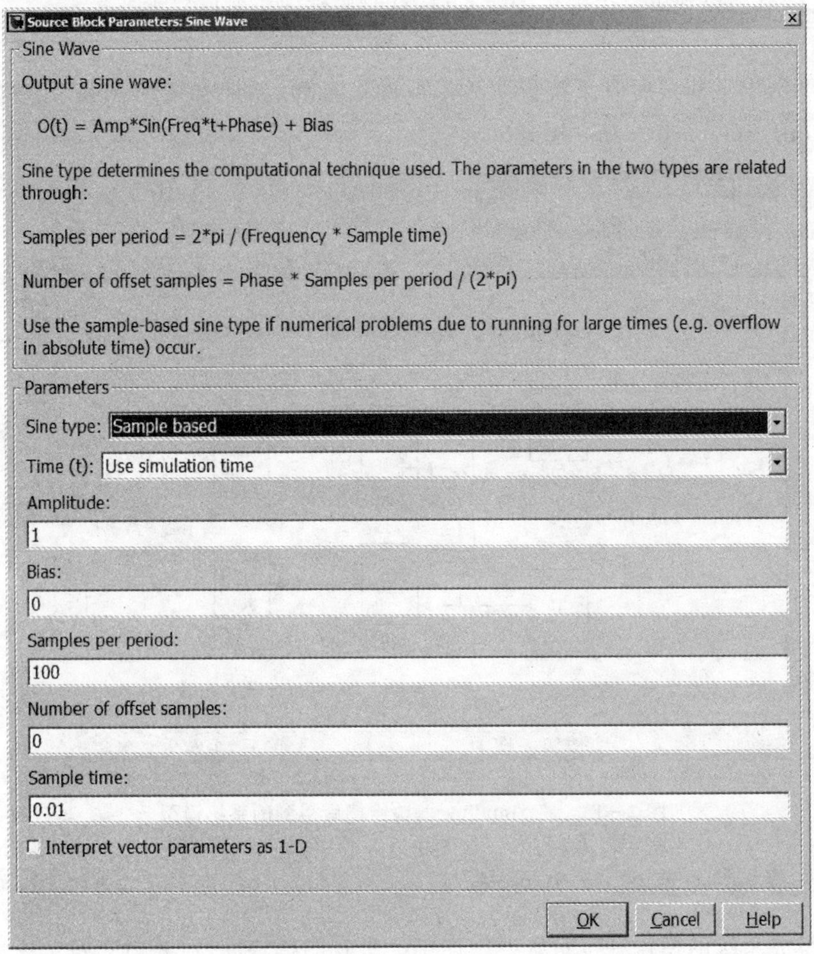

Simulink 与信号处理(第 2 版)

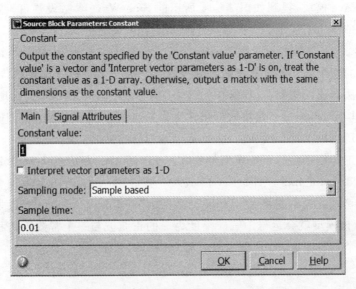

图 2-14　Sine Wave 参数设置窗

图 2-15　常数信号源的参数设置

第 2 章　Simulink 的基本知识

(a) 将模块设置成加法器　　　　　　(b) 将模块设置成减法器

图 2-16　加法器模块的设置

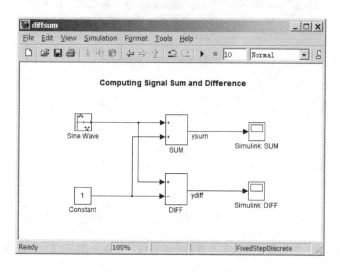

图 2-17　一个完整的可运行的计算两个信号和与差的 Simulink 系统模型

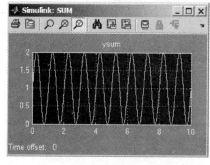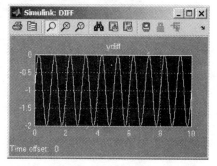

(a) 幅度为1的正弦波与常数1的和　　　　(b) 幅度为1的正弦波与常数1的差

图 2-18　计算两个信号的和与差的 Simulink 系统模型的运行结果

2.2.5 建立子系统

当系统模型变得复杂,使用的模块增多,系统模型窗口就会变得混乱,可读性下降。因此,需要把一些模块组合起来构成子系统。这样做有以下几个好处:

① 减少模型窗口内的模块数。

② 将功能上接近的模块组合在一起,提高了模型的可读性。

③ 有了子系统,系统模型可由一个具有层次的系统框图来描述。子系统在一个层次,组成子系统的模块则在另一个层次。

构成子系统有两种办法。第一种方法是把系统模型框图中已有的一部分模块组合在一起,产生一个子系统。仍然以计算信号的和与差的系统模型为例。如图 2-19 所示,可以把计算信号的和与差部分的模块组合在一起,构成一个子系统。组成子系统后的系统模型由图 2-20 给出。另一种构成子系统的方法是在系统模块框内加入一个空白的子系统模块,然后打开该模块,添入构成该子系统的模块和连线等。在该空白模块内建立起一个子系统的具体做法是:先从 Simulink 模块库的 Ports & Subsystems 模块子库中选取出一个子系统模块。一个空白

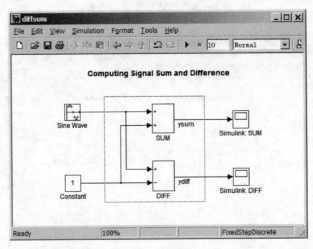

图 2-19 把计算信号的和与差部分的模块组合在一起,构成一个子系统

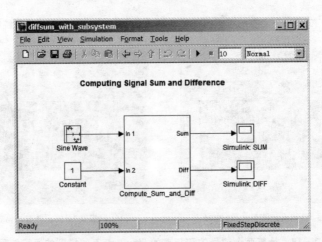

图 2-20 采用了子系统的计算信号的和与差的系统模型

的子系统模块如图 2-21(a) 所示，双击该空白子系统，并在这个空白子系统内加入两个输入端口，一个输出端口，一个加法器，并将它们连接起来，这就构成了如图 2-21(b) 所示的信号和子系统。输入与输出端口及加法器是分别从 Ports & Subsystems 模块子库及数学操作模块子库中得到的。

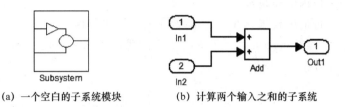

(a) 一个空白的子系统模块　　(b) 计算两个输入之和的子系统

图 2-21　在空白子系统模块内建立子系统

2.2.6 条件执行子系统

所谓条件执行子系统是这样的一类子系统：它们是否执行取决于子系统的某个输入信号的取值范围。这样的输入信号称为条件执行子系统的控制信号。控制信号加在条件执行子系统的控制输入端口上。

条件执行子系统对建立复杂的系统模型很有帮助，有的时候甚至是必不可少的。这是因为一个复杂的系统通常含有这样的一些部件，它们是否工作由系统的其他部件的运作情况确定。

Simulink 支持四种条件执行子系统：

① 使能子系统：是控制信号大于零时执行的子系统。在控制信号穿越零点由负变正的时步点上，使能子系统开始执行。只要子系统的控制信号保持正值，使能子系统就会保持在执行状态。

② 触发子系统：是触发事件发生时执行的子系统。触发事件发生在触发信号的上升沿或下降沿，触发信号可以是连续信号也可以是离散信号。

③ 触发使能子系统：是触发事件发生时，控制信号为正时执行的子系统。

④ 控制流子系统：由实现控制逻辑的控制流模块使能的子系统。这里的控制逻辑类似由程序语言控制流语句表示的控制逻辑，如 if-else，while-do 等。

下面来看看如何把前述的信号和差计算系统模型中的计算信号和与差的子系统变成一个使能子系统。要把这个子系统转换一个使能子系统，首先在图 2-20 所示的子系统内加入一个使能模块，如图 2-22 所示。这个使能模块可以从 Ports & Subsystem 模块子库中得到。在子系统内加入使能模块后，子系统模块就会自动增加一个控制信号输入端口。用两个信号源之一的正弦波信号作为这个使能子系统的控制输入。这样就得到了如图 2-23 所示的信号和差计算系统模型。运行该模型约 10 s，注意计算信号和与差的子系统只在控制信号为正时才执行，也就是在正弦波的上半周内才执行。把得到的两个信号的和与差分别显示在图 2-24(a) 和 (b) 中。

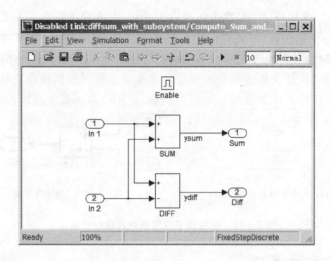

图 2-22　在图 2-20 所示的子系统内加入一个使能模块后形成的子系统

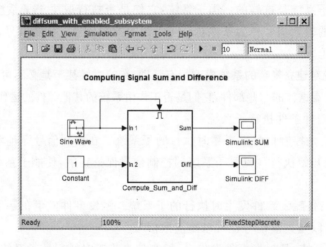

图 2-23　采用了使能子系统的信号和差计算系统模型

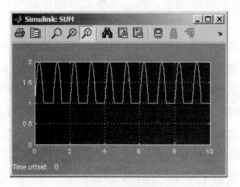 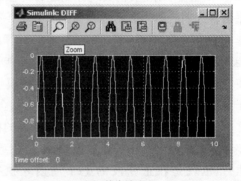

(a) 和信号波形　　　　　　　　　　　　(b) 差信号波形

图 2-24　采用了使能子系统的信号和差计算系统的输出波形

2.2.7 使用回调子程序

Simulink 通过所谓回调子程序为用户提供了建立、运行和管理系统模型的又一手段。回调子程序由 MATLAB 命令或表达式组成并且只在系统框图或模块受到某种作用时执行。回调子程序与模块端口或者模型参数相对应。例如,当用户双击某个模块,或该模块的路径变化时 Simulink 就会执行一个与该模块的 Openfcn 参数相对应的回调子程序。

回调子程序的跟踪

Simulink 具有跟踪所调用的回调子程序的功能,并能给出回调子程序调用的次序。如果选择 Simulink Preference 中的 Callback tracing 这一可选项,那么 Simulink 就会在 MATLAB 的命令窗内按次序列出所调用的回调子程序。

模型回调子程序的建立

模型回调子程序在模型的模型特性(Model Properties)对话框中的回调(callbacks)方框内输入。回调子程序是一组 MATLAB 命令或表达式。因此用户可以在回调方框内一行一行地列出这些命令和表达式,也可以把它们放在一个 MATLAB 文件内,而在回调框内列出该 MATLAB 文件的文件名。

上面提到,回调子程序是与模型参数相对应的,表 2-5 列出了模型参数的名称及回调子程序的执行时间。

表 2-5 模型参数的名称及回调子程序的执行时间

模型参数	执行时间
CloseFcn	模型框图关闭前
PostLoadFcn	系统模型上载后
InitFcn	仿真开始时
PostSaveFcn	模型保存后
PreLoadFcn	模型上载前(可以利用这一回调程序在模型上载前先上载模型需要使用的变量并赋值)
PreSaveFcn	模型保存前
StartFcn	仿真开始前
StopFcn	仿真结束后(StopFcn 执行前,仿真的结果已经写入工作区内的变量及相应的文件中)

模块回调子程序的建立

与建立模型的回调子程序类似,模块回调子程序在模块的模块特性(Block Properties)对话框中的回调(callbacks)框内输入。

表 2-6 列出了所有可以有回调子程序与之相对应的模块参数及回调子程序的执行时间。

表 2-6 模块参数及相应的回调子程序的执行时间

模块参数	执行时间
ClipboardFcn	模块被复制或剪切到系统的剪贴板上时
CloseFcn	使用 Close_system 命令关闭模块时
CopyFcn	模块被复制后(注意到一个子系统可以含有多个模块,如果一个子系统中的一个模块的 CopyFcn 有对应的回调子程序,那么系统复制后,模块的回调子程序也会执行)
DeleteChildFcn	模块被从一个子系统内删除后

续表 2-6

模块参数	执行时间
DeleteFcn	模块删除前或者含有该模块的模型或子系统关闭前
DestroyFcn	模块被消除时
InitFcn	编译系统框图及给模块参数赋值前
LoadFcn	模型框图上载后
ModelCloseFcn	模型框图关闭前
MoveFcn	模块移动或改变大小时
NameChangeFcn	模块名或路径改变后
OpenFcn	模块打开时
ParentCloseFcn	关闭含有该模块的子系统前或者该模块成为一个新的子系统的一部分时
PreSaveFcn	模型框图保存前
PostSaveFcn	模型框图保存后
StartFcn	模型框图编译后,仿真开始前
StopFcn	仿真停止时
UndoDeleteFcn	删除模块被取消时

端口回调参数

Simulink 模块的输入或输出端口有一个叫做 Connection Callback 的回调参数,在端口的连接发生变化时 Simulink 执行与这一参数对应的回调子程序。

2.2.8 模型参照

在用 Simulink 建模时,可以把已经建立的一个模型作为一个模块包括在正在建立的系统模型中,这一功能称为模型参照。由于篇幅限制,本书中暂不讨论 Simulink 的模型参照功能。

2.2.9 Simulink 模型工作区

每个 Simulink 模型有两个工作区用来储存模型的变量及其取值。一个工作区就是基本的 MATLAB 工作区,另一个就是与模型相对应的模型工作区。关于工作区,需要注意以下几点:

- 模型工作区中的变量只有该模型能看到,如果 MATLAB 工作区与模型工作区定义了同名的变量,Simulink 模型取其模型工作区的变量值。
- 模型打开时,模型工作区通过一个数据存储源得到初始化。这样的数据存储源可以是一个 MATLAB 数据文件(.MAT 文件),也可以是保存在模型文件中的一段 MATLAB 源码。
- 数据存储源可以随时打开和保存。
- 所有模型工作区数据都保存在一个名为 Simulink.Parameter 的 Simulink 数(据和)程(序的集合)体(object)中。
- 一般来讲,模型工作区内的参数变量是不可调的。
- 如何更改 Simulink 的模型工作区取决于工作区的数据源。

数据源为模型文件的模型工作区的更改

如果一个模型的数据变量保存在该模型的模型文件中,那么可以通过 Model Explorer 或者 MATLAB 命令来改变模型工作区。

例如,如果要改变模型工作区内某变量的取值,那么可以打开 Model Explorer 单击 Model Hierarchy,然后选择 Model Workspace,再选择 Contents 框内的变量名,就可以编辑、更改该变量的取值。

如果要在模型工作区中加入一个变量,可以选择工具栏上的 Add MATLAB Variable 图形框或者从 Add 菜单中选择 MATLAB Variable。如果要删除工作区中的变量,在 Contents 框内先选择要删除的变量名,然后选择 Edit 菜单中的 Delete。最后通过保存模型就把所作的变化保存下来。

也可以用 MATLAB 命令来改变模型工作区,其步骤如下。

首先用下列命令得到模型的工作区数程体的名号:

hws = get.param(bdroot,'Modelworkspace')

然后,用下面的命令来对工作区的变量进行赋值、清除、求值、保存及上载:

- whos(hws)
- assignin(hws,'var name',value)
- evalin(hws,'expression')
- clear(hws)
- clear(hws,'var1','var2',…)
- save(hws)
- reload(hws)

数据源为 MATLAB 数据文件的模型工作区的更改

如果一个 Simulink 模型的模型工作区的数据源是一个 MAT 文件,模型工作区变量的增加、删除和赋值的变化可以通过 Model Explorer 的 Model Workspace 对话框进行,在作必要的更改后,要把变化输出到原来的 MAT 文件里。

数据源为 MATLAB 源码的模型工作区的更改

对数据源为 MATLAB 源码的模型工作区,其更改须通过 Model Explorer 的 Model Workspace 对话框进行,即在该对话框内对原有的 MATLAB 源码进行编辑更改。

2.3 Simulink 的模块

Simulink 是以框图编程为基础的系统模拟及仿真软件,并为此提供了基本的系统建模模块。Simulink 的模块包括两大类。一类是 Simulink 的基本模块,这些模块是系统建模的最基本单元。另一类是与应用领域相关的模块集,例如,Simulink 的 DSP 系统工具箱含有建立信号处理系统所需要的基本及常用模块,而通信系统工具箱集则包括了组成通信系统所需要的基本模块。这一章着重介绍的是 Simulink 的基本模块。后续几章,将讨论 Simulink DSP 系统工具箱。

2.3.1 Simulink 的基本模块

Simulink 的基本模块集由 16 个模块子集组成,它们分别是:

① 常用模块；
② 连续时间系统用模块；
③ 非连续时间系统用模块；
④ 离散时间系统模块；
⑤ 逻辑与位操作模块；
⑥ 查表模块；
⑦ 数学运算模块；
⑧ 模型确认模块；
⑨ 系统模型工具模块；
⑩ 端口与子系统模块；
⑪ 信号属性模块；
⑫ 信号布线模块；
⑬ 信号终端(sink)模块；
⑭ 信号源模块；
⑮ 用户自定义模块；
⑯ 其他数学运算及离散系统用模块。

下面对主要子集中的几个重要模块进行比较详细的介绍。

2.3.2 常用模块子集

Simulink 提供的常用模块子集包括了 22 个基本模块，如图 2-25 所示。

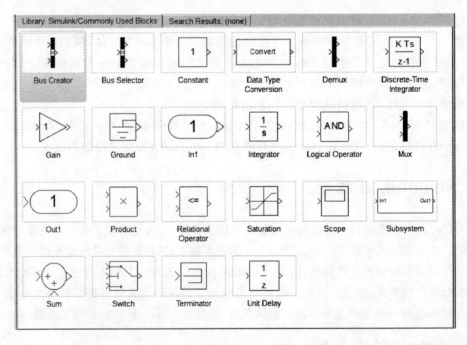

图 2-25 常用模块子集包含的模块

下面对该子集中的 Mux 和 DeMux 模块、积分器(Integrator)模块做较为详细的介绍。

Mux 和 DeMux 模块

图 2-26 所示是 Simulink 基本模块集中提供的 Mux 和 DeMux 模块。

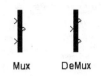

图 2-26 基本模块集中的 Mux 和 DeMux 模块

Mux 模块将多个输入信号合成为一个单一信号。输入信号可以是标量信号,也可以是矢量信号。所有输入信号的数据和数值类型必须相同。Mux 与 DeMux 模块只有一个模块参数,叫做输入信号的个数(Number of inputs),如图 2-27 所示,用户可以用四种格式之一来规定、设置这个参数。

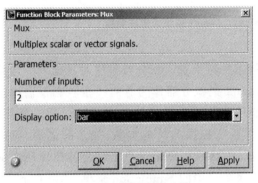

(a) Mux模块的模块参数

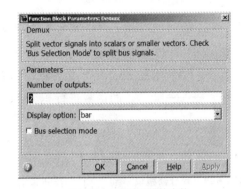

(b) Demux模块的模块参数

图 2-27 Mux 和 Demux 模块的参数设置

(1) 标 量

如果用一个标量来设置参数 Number of inputs,那么该标量的大小表明了输入信号的个数。例如,如果把 Number of inputs 设成 2,那么该 Mux 模块就有两个输入信号,输入信号本身可以是任何大小的标量信号或矢量信号。

(2) 矢 量

也可以用一个矢量来规定参数 Number of inputs。例如,假设该参数设置为[3,4],那么该矢量的长度 2 表明该 Mux 有两个输入信号,它们的信号宽度分别为 3 和 4。如果该参数设置为[-1,-1],那么两个输入则可以为任何宽度的标量或矢量信号。

(3) 元阵列(cell array)

当 Number of inputs 这个参数用元阵列来表示时,元阵列的长度规定了 Mux 输入信号的个数,每个元阵列的数值表示相对应信号的长度。数值 N 表示相应的信号是一个长度为 N 的矢量;数值-1 表示相应的输入可以是标量也可以是任何长度的矢量。

(4) 信号名列

Number of inputs 参数也可以通过列出一列信号名称来规定,信号名之间用逗号隔开。例如,如果在图 2-27(a)的 Number of inputs 下输入 Position, Velocity,并把显示可选(Display option)改为 signals,如图 2-28(a)所示,那么该 Mux 模块就有两个输入信号,分别称为 Position 和 Velocity,如图 2-28(b)所示。

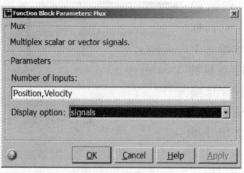 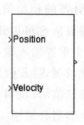

(a) 输入信号名　　　　　　　　(b) 输入信号名后形成的Mux模块

图 2-28　用信号名列作为 Mux 和 Demux 模块的模块参数

Integrator(积分器)模块

图 2-29 所示是 Simulink 基本模块集中的积分器模块。积分器模块对其输入的连续时间信号进行积分。Simulink 把积分器作为具有一个状态及输出的动态系统来对待。积分器模块的输入是模块状态(输出)的时间导数。与积分器模块这一动态系统相关的其他参数,如求解器等,可以在 Configuration Parameters 对话框中规定。单击积分器模块所在的模型窗口上方的 Simulink 菜单栏中的 Simulation 菜单,选择 Configuration Parameters 就可以得到如图 2-30 所示的对话框。通过这一对话框,用户可以规定与求解动态系统相关的一系列参数,如步长、求解器的类型及其精度等。积分器模块利用所选择的求解器,根据其当前的输入和积分器的状态来计算积分器的输出。

图 2-29　积分器模块

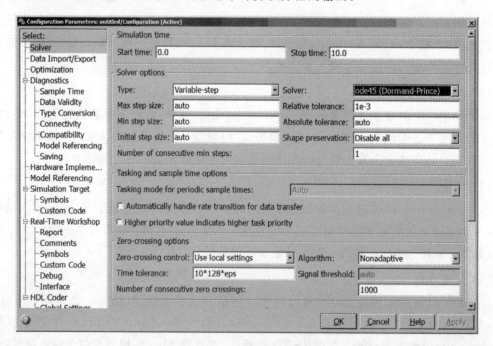

图 2-30　Simulink 仿真参数设置对话框

双击积分器模块即得到如图 2－31 所示的 Function Block Parameters 对话框。在这一对话框里,可以规定积分器的初始值,或者给模块增加一个初始值的输入端口。也可以规定积分器的输出上限和下限,增加一个重置输入端。积分器可以根据该输入端信号的变化情况,将积分器的输出重新设置到其初始值。如图 2－32 所示为 11 种不同设置的积分器模块。

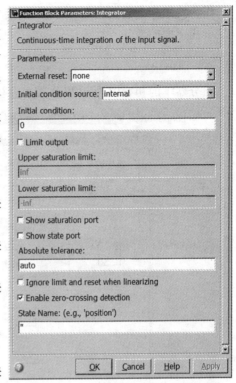

积分器 1 模块:所有设置均为缺省值。

积分器 2 模块:选择 Limit output,其余取缺省值。

积分器 3 模块:外部重置:rising,其余取缺省值。

积分器 4 模块:外部重置:falling,其余取缺省值。

积分器 5 模块:外部重置:either,其余取缺省值。

积分器 6 模块:外部重置:level,其余取缺省值。

积分器 7 模块:外部重置:level hold,其余取缺省值。

图 2－31　积分器模块参数设置对话框

积分器 8 模块:选择 Show saturation port,其余为缺省值。

积分器 9 模块:选择 Show state port,其余取缺省值。

积分器 10 模块:外部重置:rising;初始取值:外部输入;选择 limit out;选择 Show saturation port;选择 Show state port。

积分器 11 模块:初始取值:外部输入,其余为缺省值。

应当注意的是,当选择外部重置信号为 **Level** 时,重置输入在当前时步下如非零,或重置输入从前一时步的非零变为当前时步下的零值,积分器的状态,即输出被重置到其初始值。

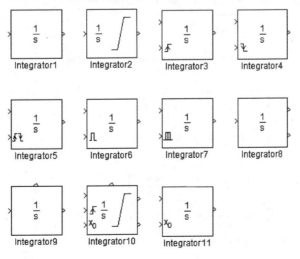

图 2－32　不同设置下的积分器模块

作为使用积分器模块的一个例子,接下来看如图 2-33 所示的一个 Simulink 模型。这一模型可用下面的微分方程来描述:

$$\frac{d^2v(t)}{dt^2}+4\frac{dv(t)}{dt}+3v(t)=3u(t) \qquad (2-1)$$

积分器 1 的初始值为 0,积分器 2 的初始值由常数模块(Constant)给出,其初始值为 0.5,即 $V(0)=0.5, V'(0)=0$。

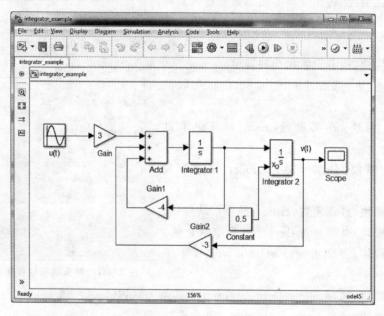

图 2-33　代表微分方程式 (2-1) 的 Simulink 模型

2.3.3　连续时间模块子集

该子集一共含有 8 个基本模块,如图 2-34 所示。接下来仅对其中的微分器和传输延时模块作详细介绍。

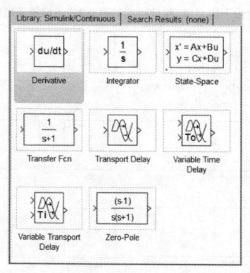

图 2-34　连续时间模块子集中的模块

Derivative(微分器)模块

微分器模块可近似地计算输入信号的导数 du/dt,其中 du 是输入信号的变化量,dt 是前一个时步至当前时步的时间变化量。微分器的输出精度与仿真的时步大小有关,时步越小,微分器模块的输出精度就越高。微分器模块属于连续时间模块子集,但是与其他连续时间模块不同的是该模块并不具有连续时间状态。因此当输入信号变化迅速时,相应的求解器并不改变时步的大小。另一个要注意的特点是微分器模块也可以接受离散输入信号。当输入的离散时间信号变化时,其连续时间导数就是一个脉冲(冲击信号),否则其输出的连续时间导数为0。

当遇到的系统都是离散时间系统时,可以采用离散模块子集中的微分器模块进行系统模拟。

图 2-35 是一个使用微分器模块的模型实例。微分器的输入信号是一个正弦波,其波幅 $A=1$,角频率 $\omega_0=\pi$,初始相位 $\varphi_0=\pi/2$(这些参数可以在 Sine Wave 模块的 Source Block Parameters对话框中设定),那么这样一个正弦波的连续时间导数就是一个波幅为 π,初始相位为 0 的负正弦波,如图 2-36 所示。

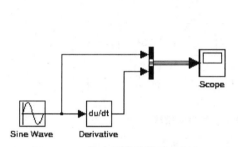

图 2-35 微分器模块的使用例子

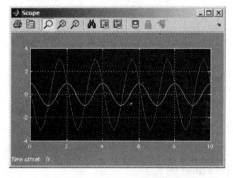

图 2-36 图 2-35 中的系统模型的输出波形

Transport Delay(传输延时)模块

传输延时模块将其输入延迟一个给定的时间量。仿真开始后,在仿真时间到达模块规定的延时量前,其输出值为模块设置的初始输出值。模块延时量和初始输出值在模块的 Function Block Parameters 这一对话框中设定。

图 2-37 是一个应用传输延时模块的例子。模型中的正弦波参数与图 2-35 中的一样。假设规定传输模块的延时量为 1 s,初始输出为 0,那么运行图 2-37 所示的模型 5 s 就能得到如图 2-38 所示的输出。

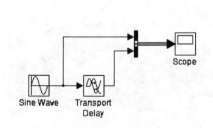

图 2-37 应用传输延时模块的一个例子

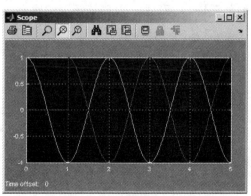

图 2-38 图 2-37 所示模型的输出波形

2.3.4 非连续时间模块子集

非连续时间模块子集共有 12 个基本模块,如图 2-39 所示。下面对在信号处理中常用到的饱和(Saturation)与量化器(Quantizer)模块作详细讨论。

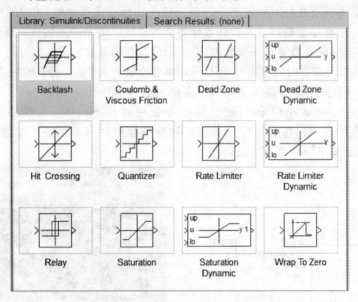

图 2-39 非连续时间模块子集中的模块

Saturation(饱和)

饱和(Saturation)与动态饱和(Saturation Dynamic)模块都可用来对输入信号的范围作出限制。当输入信号超出其规定的上限值时,其输出则被限制在该上限值,而当输入信号小于规定的下限值时,其输出则被保持在该下限值。饱和与动态饱和模块的区别在于,对于饱和模块,输出信号的上、下限值是以模块的参数形式在模块"内部"规定的,而动态饱和的输出上、下限值则由模块的两个输入端口"UP"和"LO"分别决定。因此动态饱和的输出上、下限可由外部输入信号"动态"地决定。

图 2-40 所示为一个使用饱和与动态饱和模块的模型实例。图中正弦波的幅度是 1,饱和模块的上、下限分别设置为+/-0.5。动态饱和模块的上、下限分别用两个常数模块给出,它们分别是+0.75 和-0.6,该模型的输入、输出波形显示在图 2-41 中。

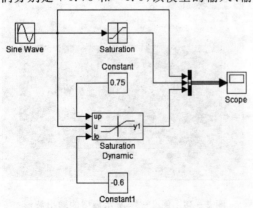

图 2-40 使用饱和与动态饱和模块的模型实例

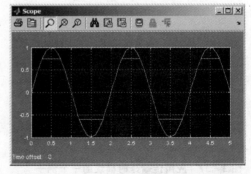

图 2-41 图 2-40 所示模型的输出波形

Quantizer(量化器)模块

量化器模块对其输入信号进行"阶梯函数"处理,即把输入轴上的众多临近点映射到输出轴上的一个点,这样做的效果就是把一个平滑的输入信号"量化"成了一个阶梯形的输出。如果输入信号为 u,输出信号为 y,量化间隔为 q,那么量化器的输入输出关系可由下面的公式来表示:

$$y = q \times \text{round}(u/q) \tag{2-2}$$

式中,$\text{round}(x)$ 表示对 x 进行四舍五入。

假如对一个幅波为1的正弦波进行量化,那么可以用图 2-42 所示的模型来进行。把量化器的"量化间隔"这个参数设置为 0.25,在这样的条件下,就可以得到如图 2-43 所示的输入的"平滑"的正弦波和输出的"阶梯"形正弦波。

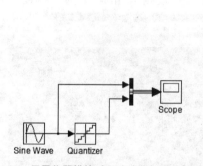
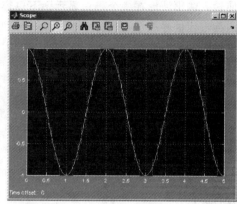

图 2-42 用量化器模块对正弦波进行量化的系统模型　　图 2-43 图 2-42 所示模型的输入和输出波形

2.3.5 离散模块子集

图 2-44 所示为离散模块子集中所包含的所有模块。下面选择常用的离散微分器模块、

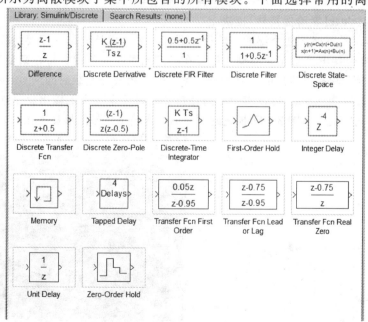

图 2-44 离散模块子集中的模块

零阶保持器模块和一阶保持器模块作详细讨论。

Discrete Derivative(离散微分器)模块

如果把离散微分器的符号从

$$\frac{K(z-1)}{T_s z} \quad 改写成 \quad \frac{K}{T_s}(1-z^{-1})$$

可以更容易看出,离散微分器模块是这样来计算离散时间导数的:首先它把当前时步的输入值减去前一时步的输入值,然后将前后时步输入信号的差值除以采样时间间隔 T_s。增益 K 可以用来调整微分器模块输出的大小。严格说来,K 不是微分操作的一部分。

图 2-45 所示为使用离散微分器模块的一个例子。若把离散微分器模块的增益 K 设为 2,可以使输入输出波形在一个黑白显示图下更容易区别开来。图 2-46 给出了图 2-45 所示模型的输入与输出信号波形,在图 2-45 所示的模型中,离散正弦波模块是通过把一个连续正弦波模块的采样时间从 0 改变为 0.5 s 得到的。模型中输入的正弦波频率(角频率)为 1,幅度也为 1。

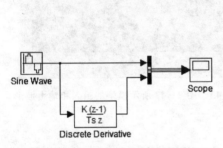

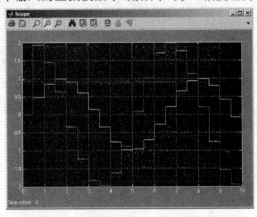

图 2-45　使用离散微分器模块的例子　　图 2-46　正弦波通过离散微分器模块后的信号波形

Zero-order Holder(零阶保持器)模块

零阶保持器以及下面将要介绍的一阶保持器都是采样保持电路的重要组成部件。在信号处理应用中,采样保持电路常用来将输入信号在一定的时间间隔内保持在某个数值。

图 2-47 是零阶保持器应用的一个例子。图中的正弦波是连续时间信号,零阶保持器的采样时间(间隔)被设定为 0.5 s。可以看出零阶保持器在每个采样点的输出就是连续输入信号在该采样点的即时输入值。由图 2-47 描述的模型的输入输出信号波形显示在图 2-48 中。

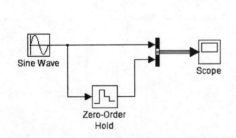

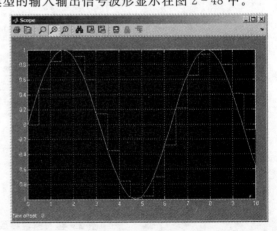

图 2-47　在系统模型中使用零阶保持器模块的例子　　图 2-48　正弦波经过零阶保持器后的输出波形

First-order Holder(一阶保持器)模块

图 2-49 所示为用一阶保持器建模的一个例子。其输入输出波形由图 2-50 给出,可以看到,一阶保持器模块输出值是连续输入信号在采样时间点上的一阶离散导数值。与图 2-47 中零阶保持器的设置一样,图 2-49 中一阶保持器的采样时间间隔也设置为 0.5 s。

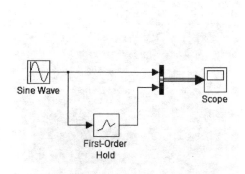

图 2-49 用一阶保持器模块建模的例子

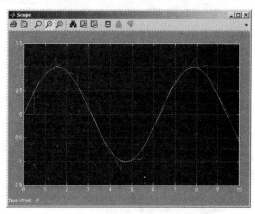

图 2-50 正弦波经过一阶保持器后的输出波形

2.3.6 逻辑与位操作模块子集

如图 2-51 所示,逻辑与位操作模块子集共含有 19 个模块。下面讨论一个属于逻辑操作模块的间隔测试(Interval Test)和一个属于位操作模块的提取数位(Extract Bits)模块。

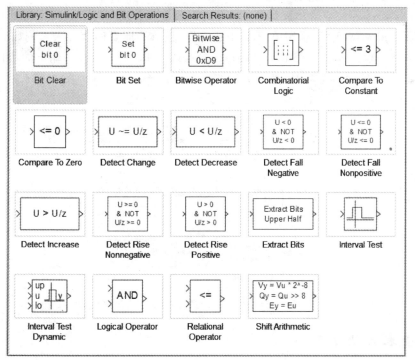

图 2-51 逻辑与位操作模块子集

Interval Test(间隔测试)模块

间隔测试模块用来确定某个输入信号在数值上是否处在一个规定的范围内。如果输入信号的大小处于规定的上限与下限参数值之间,则模块输出 TRUE(数值 1),否则模块输出 FALSE(数值 0)。图 2-52 所示为使用间隔测试模块的一个例子。图中的连续正弦波的频率(角频率)为 $\pi/2$,间隔测试模块的上限与下限参数分别设置为 +0.707 和 -0.707。图 2-53 是图 2-52 所示模型的输入输出波形。

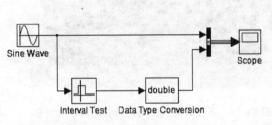

图 2-52 在系统模型中使用间隔测试模块

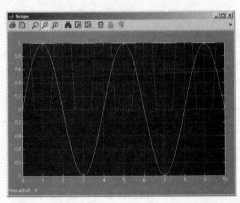

图 2-53 图 2-52 所示模型的输入输出波形

Extract Bits(提取数位)模块

提取数位模块用来提取输入信号的整数值中一段相连的数位。提取的方法由模块的 Bits to Extract 这一参数来规定。选择 upper half 提取含最大值的那一半数值。如果总的数值长度不是偶数,那么输出的数位数为

$$输出数位数 = \text{ceil}(输入的数值长度/2)$$

上式中的 ceil 与 MATLAB 中的 ceil 函数的作用一样,即做四舍五入。例如 ceil(4.6) 等于 5,ceil(-4.6) 等于 -4。当 Bits to Extract 参数选为 Lower half 时,输出的数位是含最小值的那一半。数位长度为奇数时,处理方法与提取 upper half 一样。图 2-54 是使用提取数位模块的例子。

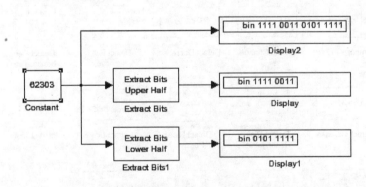

图 2-54 使用提取数位模块的例子

2.3.7 查表模块子集

该模块集提供了采用常见查表方法的模块,包括一维、二维及多维查表模块。查表模块子集共有 9 个模块,如图 2-55 所示。下面详细讨论查表(Lookup Table)模块和余弦(Cosine)模块。

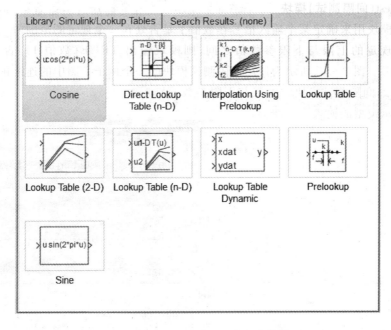

图 2-55 查表模块子集含有的模块

Lookup Table(查表)模块

利用查表模块或查表法可以从一个存放 N 对(x,y)值的表中得到一个函数 $y=f(x)$ 的近似值。模块的输出值由模块输入值所在范围及采用的查表法来确定。作为模块参数的查表法有下列 5 种选择。

(1) 内插-外插

这是该模块的缺省查表法。模块输出通过线性插值的方法得到。如果输入值等于表中的某个 x 值,那么相应的 y 值就是模块的输出,否则模块通过线性插值得到输出值。如果模块的输入值小于表中 x 的最小值或大于表中 x 的最大值,那么其输出是与 x 的头两个值相应的 y 值的外插值或者是与 x 的最后两个值相对应的 y 值的外插值。

(2) 线性插值法——使用端点值

当模块的输入在表中 x 的数值范围内时,该方法与缺省查表法一样,通过线性插值得到模块的输出。与缺省查表法不同的是,当输入值在 x 的数值范围之外时,模块的输出是表中给出的端点值。

(3) 使用最接近值

首先找到表中与模块输入最接近的 x 值,那么相应的 y 值就是模块的输出。

(4) 使用输入的下方值

首先找到表中与模块输入最接近但小于输入的 x 值,然后取与其相应的 y 值作为模块的输出。

(5) 使用输入的上方值

使用该查表法时,模块首先找到与模块输入最接近但大于输入的 x 值,然后输出与该 x 值相对应的 y 值。

图 2-56 所示是使用查表模块计算双曲正切函数的一个例子。该模型的输入是一个单调

上升的直线,其斜率为1,由 Simulink 的斜坡模块实现。其参数的设定如图 2-57 所示,由于输入的起始值为-5,所以模型运行 10 s 后,模块的输入由-5 升至+5。查表模块的设置由图 2-58 给出,单击查表模块参数对话框中的编辑(Edit)按钮,可以画出表格代表的函数曲线,如图 2-59,该表格有 11 个输入值,如图 2-60。利用查表法计算的双曲正切函数和用三角函数模块得到的双曲正切函数分别显示在图 2-61 中。

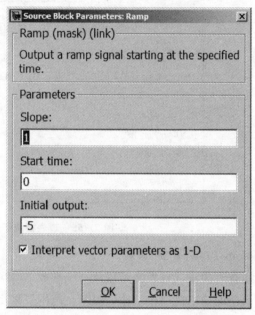

图 2-56　用查表模块计算双曲正切函数　　图 2-57　图 2-56 中斜坡(Ramp)模块的参数设置

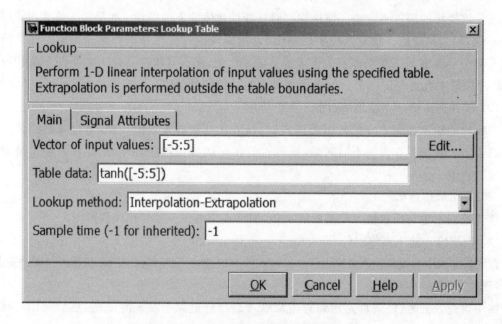

图 2-58　图 2-56 中查表模块的参数设置

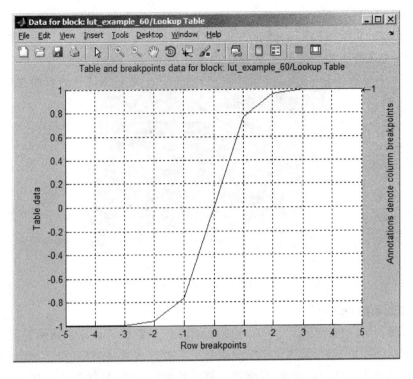

图 2-59　查表模块的表格代表的函数曲线

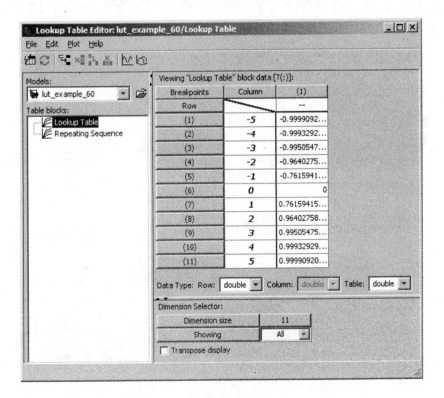

图 2-60　查表模块的表格内容

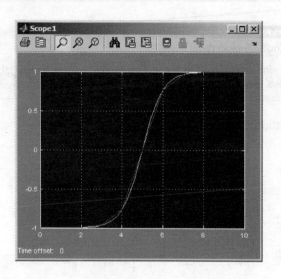

图 2-61　利用查表模块产生的双曲正切函数信号

Cosine(余弦函数)模块

余弦函数模块可在进行定点计算时,用来计算余弦函数值。计算余弦函数的方法是查表法。该模块有两个主要参数,如图 2-62 所示。一个重要参数是表格的长度或表中的数值的点数。为了获得查表运算的高效率,通常把表格的长度用 (2^n+1) 的形式来规定,其中 n 是某个整数。在图 2-62 中 $n=5$,在图 2-63 中 $n=2$。另一个重要参数是模块输出值的字长。该模块还规定输入值的分数值的长度是字长减去 2。

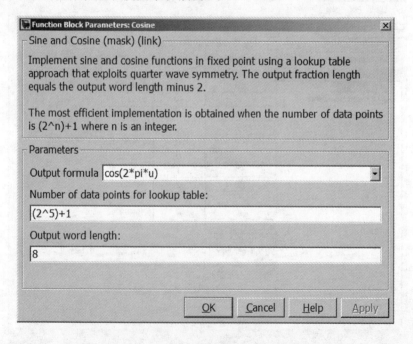

图 2-62　余弦函数模块的参数设置之一

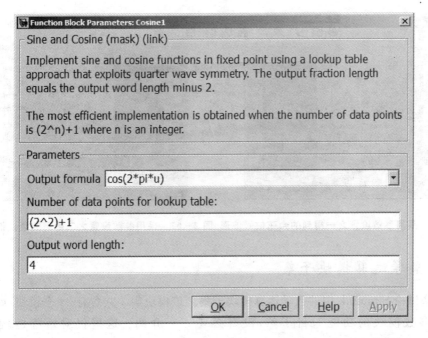

图 2-63 余弦函数模块的参数设置之二

该模块的两个重要参数,表格长度与输出字长之间必须满足以下关系:

$$2^{(输入字长-2)}+1 \geqslant 表格长度$$

图 2-64 所示是用余弦函数模块计算(定点)余弦函数的例子。该模型的输入在 0~2 之间循环,如图 2-65。余弦函数模块参数的设置分别如图 2-62 和图 2-63 给出时的输出波形分别显示在图 2-66 和图 2-67 中。

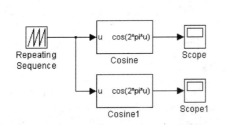

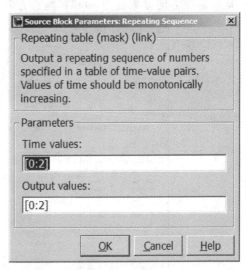

图 2-64 用余弦函数模块计算(定点)余弦函数的例子   图 2-65 余弦函数模块的输入波形参数

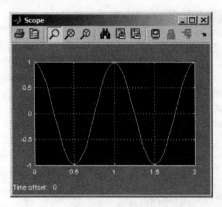 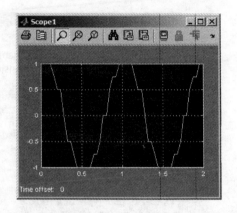

图 2-66　采用参数设置之一得到的余弦信号波形　图 2-67　采用参数设置之二得到的余弦信号波形

2.3.8　数学运算模块子集

接下来讨论 Simulink 中的数学运算模块子集。该模块集一共含有 33 个模块,如图 2-68 所示。大多数模块的功能一目了然,没有必要一一介绍。这里仅对矩阵链接(Matrix Concatenate)模块进行讨论。

Matrix Concatenate(矩阵链接)模块

矩阵链接模块将输入的几个矩阵连接在一起以形成模块的输出。该模块有两个参数(见图 2-69)。一个是输入的矩阵个数(Number of inputs);另一个参数是矩阵连接的方向(Concatenate dimension),当该参数设为 1 时,链接在垂直方向,即按矩阵的列相连,而当该参数设为 2 时,连接在水平方向进行,即按矩阵的行相连。图 2-70 和图 2-71 所示分别为在水平方向(矩阵链接方向参数设为 2)和在垂直方向(矩阵链接方向参数设为 1)的例子。

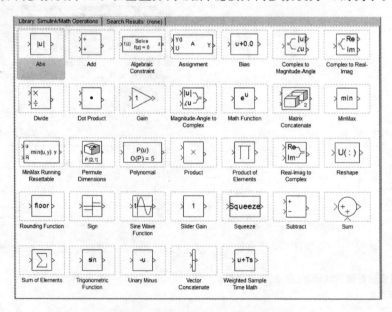

图 2-68　数学运算模块子集中的模块

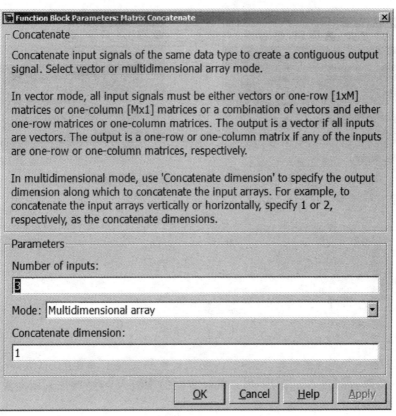

图 2-69 矩阵链接模块的参数

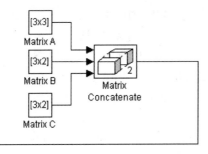

图 2-70 对输入矩阵进行水平链接的例子

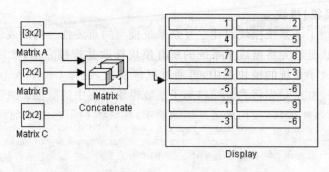

图 2-71 对输入矩阵进行垂直链接的例子

图 2-70 中

$$A=\begin{bmatrix}1&2&3\\4&5&6\\7&8&9\end{bmatrix} \quad B=\begin{bmatrix}-2&-3\\-5&-6\\-8&-9\end{bmatrix} \quad C=\begin{bmatrix}1&3\\2&6\\3&9\end{bmatrix}$$

图 2-71 中

$$A=\begin{bmatrix}1&2\\4&5\\7&8\end{bmatrix} \quad B=\begin{bmatrix}-2&-3\\-5&-6\end{bmatrix} \quad C=\begin{bmatrix}1&9\\-3&-6\end{bmatrix}$$

必须强调,当使用矩阵链接模块时,输入必须是严格意义上的矩阵(多维)阵列信号,即水平和垂直方向的维数都必须大于 1。如果某一方向的维数为 1,则应该采用向量链接(Vector concatenate)模块。

2.3.9 端口与子系统模块子集

端口与子系统模块子集模块共有 21 个重要模块,如图 2-72 所示。另附有一个含有各种子系统例子的样本模块集。下面对其中的 4 个模块作详细的讨论,它们是子系统(Subsystem)模块、使能(Enable)模块、触发(Trigger)模块和情景转换(Switch Case)模块。

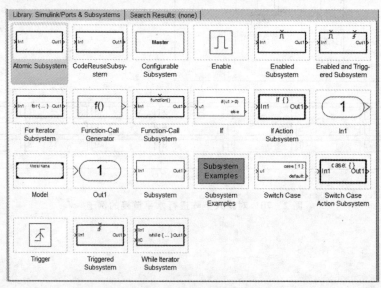

图 2-72 端口与子系统模块子集

Subsystem(子系统)模块

在 2.2 节里介绍了子系统模块对建立复杂系统模型的重要性。构成或建立子系统一般有两种办法。一种办法是首先将组成子系统的所有模块选取并连接完毕，然后通过鼠标单击形成的一虚线框将组成子系统的模块选中，再通过鼠标右击，选择 Create subsystem，就构成了一个子系统。另一种办法是先将一个端口与子系统模块子集中的空白子系统模块置入系统模型中，然后双击该子系统模块，按构成子系统的要求，在该空白子系统中加入所需要的模块并将它们按功能要求连接起来。

直接从端口与子系统模块子集中获得的"空白"子系统模块实际上并不"空白"，它已经包含了一个输入端口和一个输出端口以及输入端口至输出端口的连线。只有将它们删除后才能得到一个真正的空白子系统。如果需要建构的子系统含有不止一个输入端口或输出端口，可以从端口与子系统模块子集中选取需要的端口模块，置入该子系统中。

Enable(使能)模块

将一个使能模块置入一个子系统中就将该子系统变成了一个使能子系统，如图 2-73 所示。使能子系统是一个条件执行子系统，这样的子系统在每一个仿真时步上，首先确定其使能(控制)信号是否大于 0。只有当其控制信号为正，即大于 0 时，该子系统才会执行。一个使能子系统只有一个控制输入，这个控制输入可以是标量

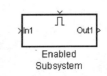

图 2-73　构成使能子系统的使能模块

也可以是矢量。如果控制输入是标量，那么该标量值大于 0 时，子系统运行，否则不运行。如果控制输入是一个矢量，那么只要矢量中的任何一个分量大于 0 时子系统就执行。仿真开始时，Simulink 对使能子系统中的所有模块进行初始化，所有模块处于它们的初始状态。在仿真过程中，如果一个子系统在终止执行后，再次执行(被使能)时，子系统中所有模块的状态将取决于该子系统的状态参数(States)的设置情况。当状态参数设为 reset(重置)时，所有的模块状态回到其初始值；当该参数设为 held(保持)时，所有模块的状态不变化。在子系统模块参数对话框中，选择 Show output 可以把使能信号作为子系统的一个输出，这样做可以让系统的其他部分来处理使能信号。

Trigger(触发)模块

与使能模块类似，在子系统中加入一个触发模块，如图 2-74 所示，即将该子系统变成了一个触发子系统。触发子系统只在外来触发信号在仿真时步上按某种特定方式变化时才执行。图 2-75 给出了子系统可接受的几种触发方式。值得注意的是，由于子系统也可以由 function-call 触发执行，因此可以用 Function-call generator 模块产生触发信号。这样，一个子系统就可能在一个仿真时步内被驱动执行多次。

图 2-74　构成触发子系统的触发模块

Switch Case(情景转换) 模块

情景转换模块实现的是类似于 C 语言中的转换控制流语句。图 2-76 所示是使用这个模块的一个例子。在这个例子中，要把输入的每小时"英里数"，根据不同的情景 1、2、3 或 4，分别转换成每小时千米数，每秒英尺数，每秒厘米数或每秒分米数。图 2-76 中显示的情景数为 4，输入的每小时英里数为 74。在这样的条件下，只有模型的第 4 个分支执行，得到相应的速度为 1 904 米每分。

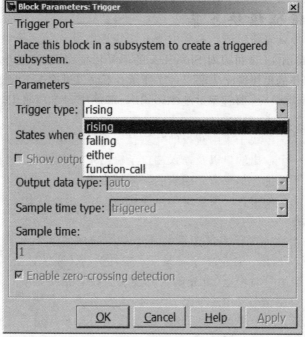

图 2-75 触发模块提供了多种触发方式

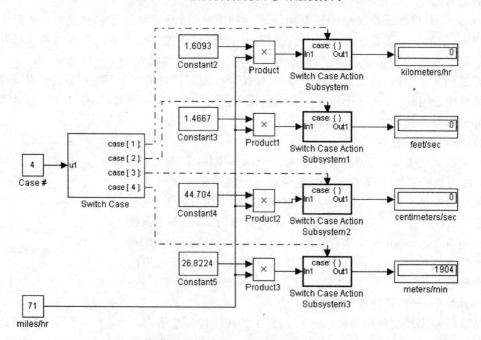

图 2-76 使用情形转换模块的例子

2.3.10 信号特征模块子集

信号特征模块子集由 14 个可以对 Simulink 的信号特征,如数据类型,采样速率,数组/向量宽度等进行检测和操作的模块组成,如图 2-77 所示。下面仅讨论 3 个重要的模块:信号特征的指定模块(Signal Specification)、采样速率过渡(Rate Transition)模块和检测(Probe)模块。

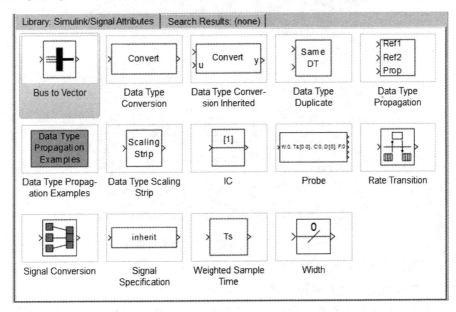

图 2-77 信号特征模块子集提供的模块

Signal Specification(信号特征指定)模块

利用信号特征指定模块,可以规定连接到该模块的输入及输出端口的信号的特征。如果规定的信号特征与实际信号特征不符,Simulink 就会显示出错。如果没有不符,Simulink 在编译时会将信号特征指定模块从模型中去掉,也就是说,这个模块是一个虚拟模块,它的存在对模型的仿真不起任何作用。

但可以利用这个模块来保证实际信号的特征与要求的特征一致。譬如,当你与你的同事对同一系统模型的不同部分建模时,你可以在你们各自工作的模型部分的连接点上加上信号特征指定模块,这样,如果你的同事在工作中没有遵守你们早先的协定,改变了流入或流出你工作模型的那部分信号的某些特征,而没有事先通知你,那么一旦运行时,Simulink 软件就会提示出错。图 2-78 所示为信号特征指定模块的参数对话框,从这个参数对话框可以看出,可以指定的信号特征包括:

维数(Dimensions):进入与流出该模块的信号的维数。

采样时间(Sample Time):规定模块更新的时间。

最小值(Minimum):模块应该输出的最小值。

最大值(Maximum):模块应该输出的最大值。

数据类型(Data Type):规定模块输出的数据类型。

信号类型(Signal Type):指出模块输入与输出信号的类型(是实信号还是复信号)。

采样模式(Sampling Mode):规定进出该模块的信号是样本信号(sample based)还是帧信号(frame based)。也可以设置为"自动"模式,既可以为样本信号,也可以为帧信号。

图 2-78　信号特征指定模块的参数对话框

Rate Transition(采样率过渡模块)

采样率过渡模块用于含有多种采样速率的系统(multirate systems),它把从工作在某个采样率的模块输出的数据传送到工作在另一个采样率的模块并作为其输入。通过模块的参数对话框,它们可以对保证信号的完整性、传输延时所要存储单元的多少、信号的确定性等方面作出选择。对保证传输数据的完整性(Ensure data integrity during data transfer)和保证确定性的数据传输(Ensure deterministic data transfer)这两个重要参数特征,可以根据系统模型对数据过渡处理的要求作出选择,其参数设置如表 2-7 所列。

表 2-7　对数据过渡的处理要求与模块参数的设置

对数据过渡的处理要求	模块参数的设置
• 数据完整 • 确定的数据传输 • 最大延时	勾选:• Ensure data integrity during data transfer 　　　• Ensure deterministic data transfer
• 数据完整 • 非确定的数据传输 • 最小延时 • 需要更多存储单元	勾选:• Ensure data integrity during data transfer 清除:• Ensure deterministic data transfer
• 可能失去数据完整 • 非确定的数据传输 • 最小延时 • 需要较少存储单元	清除:• Ensure deterministic data transfer 　　　• Ensure deterministic data transfer

当模型框图更新时,采样过渡模块上会出现一个标记用以指出该模块在仿真时的行为特征,这一行为特征实际上是该模块为了保证数据/信号的安全传输所采用的方法,其标记与模块行为特征对应情况如表2-8所列。

表2-8 采样过渡模块的标识和相应的模块行为特征

标 记	模块行为特征
ZOH	行为如同零阶保持
1/Z	行为如同样本延时
Buf	在标识指示控制下把输入复制到输出
Db-buf	用双精度缓冲器将输入复制到输出
Copy	无保护的输入到输出的复制
NoOp	不做任何事情

Probe(检测)模块

利用检测模块可以获得进入该模块的信号的许多重要信息。该模块可以提供其输入信号的宽度、维数、采样时间、输入信号是否为复数信号或帧信号等重要信息。检测模块只有一个输入端,其输出端的个数取决于用户需要检测的信息的个数。仿真时,模块框上会显示检测获得的数据。图2-79是检测模块的参数设置对话框,按照图2-79所示进行设置时检测模块将有5个输出端。

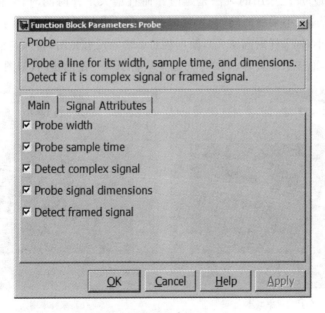

图2-79 检测模块的参数设置对话框

图2-80所示是一个使用上述3种模块的模型例子。图2-81所示是该模型运行完毕时模型中的两个示波器显示的波形,应注意以下几点:

① 采样率是通过采样时间来规定的。
② 如果模型中信号特征指定模块规定的采样时间不是0.4时,Simulink就会给出错误提示。

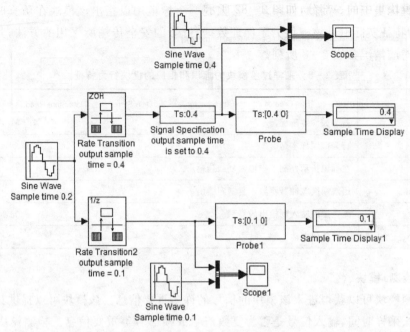

图 2-80 使用信号特征模块子集的几个重要模块的例子

③ 采样率过渡模块在将数据从采样时间短的模块传输到采样时间长的模块时采用的方法是零阶保持(ZOH);反之采用的方法是延时。而且增大采样时间时,采样时间的变化必须是输入信号的整数倍;减小采样时间时,采样时间的变化必须是输入信号的整分数倍。

④ 当采样率变小时(采样时间增大),输出相对于输入没有延时,输入与输出是重叠的,如图 2-81(a)所示。而当采样率变大时,采样率过渡模块将引入一定的延时,如图 2-81(b)所示。

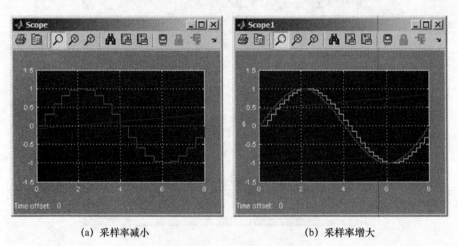

(a) 采样率减小　　　　　　　　　　(b) 采样率增大

图 2-81 采样率变化时的输入输出波形

2.3.11 信号路径模块子集

这一小节主要讨论信号路径模块子集,该模块子集含有 18 个模块,有些模块也是 Simulink 的常用模块集中的一部分,如图 2-82 所示。

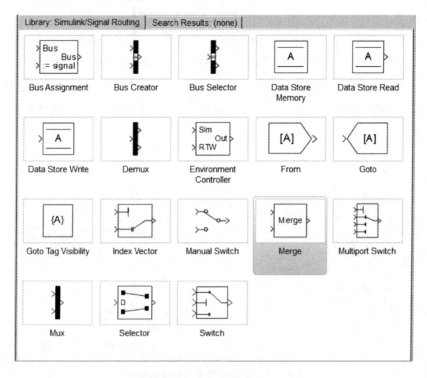

图 2-82 信号路径模块子集

该模块集中的大部分模块的功能一目了然,使用方便。在此只详细讨论其中的一个模块——合并(Merge)模块。

Merge(合并)模块

合并模块用来把几个信号合并成一个信号。其输入信号的个数由模块参数 Number of inputs 规定。将该模块称为合并模块有点误导,事实上合并模块的输出信号是其几个输入信号的交替,而不是合并。换句话说,其不同的输入信号必须在不同的、互不重合的时间进行更新,如果希望输入信号在同一时刻更新,应该使用链接(Concatenate)模块将输入信号合并成一个阵列或矩阵信号。

所有连接至合并模块的信号在功能上应该是相同的,在使用该模块时,必须注意以下几点:

① 只用条件执行子系统来驱动合并模块。
② 妥善地设计控制逻辑,使得在任何一个时步上,最多只有一个条件执行子系统得以执行。
③ 一个条件执行子系统只驱动一个合并模块。
④ 连接到合并模块的信号,不能连接到其他模块。
⑤ 合并模块的输入至少要有两个。
⑥ 保证所有的输入信号具有相同的采样时间。
⑦ 合并模块的参数 Initial output 必须设定,除非这个合并模块的输出是另一个合并模块的输入。

⑧ 对所有驱动合并模块的条件执行子系统,其输出端口(模块)的 output when disabled 参数要设置为 to held。

图 2-83 所示是两个正确使用合并模块的示意例子,而图 2-84 中合并模块的使用是不正确的。图 2-85 所示是使用合并模块的一个系统模型,图中脉冲产生器的输出是一个周期为 2 s、交替周期为 50% 的方波,两个使能子系统的作用只是将其输入送至输出。该模型运行 8 s 后得到的输出波形如图 2-86 所示。可以看到,模型的输出在常数 1~3 之间交替变化。

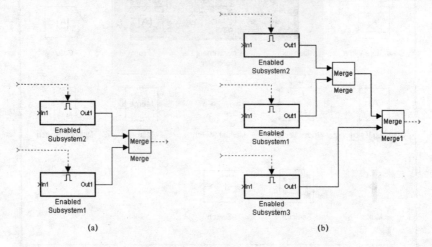

图 2-83　正确使用合并模块的例子

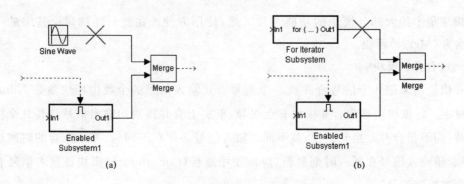

图 2-84　不正确使用合并模块的例子

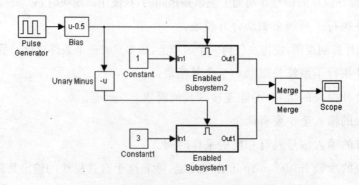

图 2-85　在系统模型中使用合并模块的例子

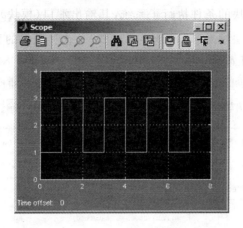

图 2-86　图 2-85 所示系统模型的输出波形

2.3.12　汇集模块子集

汇集模块子集有 9 个模块，如图 2-87 所示。许多常用模块在介绍其他模块子集的系统模型例子中都已经出现过，在此不再作特别讨论。

模块集中的 To File 模块可以把 Simulink 某个变量的运行结果存入到一个文件中去；To Workspace 是 Simulink 用来与 MATLAB 交换数据的模块之一，它可以把系统模型中的某个变量或运行结果保存到 MATLAB 的工作区中，便于利用 MATLAB 对结果进行非实时分析。

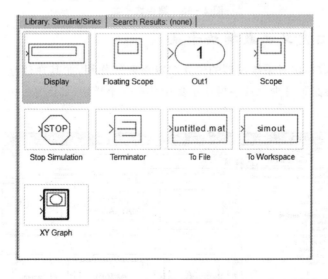

图 2-87　汇集模块子集

2.3.13　源模块子集

源模块子集共有 22 个模块，这些模块可以用来产生系统模型仿真所需要的源信号，也可以用来产生系统运行时所需要的控制信号等。与汇集模块子集一样，源模块子集中的许多模块在介绍其他模块子集的系统模型例子时已经出现过，在此也不再作特别的讨论。图 2-88 给出了 22 个模块的名称和符号,其中 From File 模块可用来把存在一个文件中的 MATLAB 数据读入 Simulink 模拟环境,From Workspace 模块则是 Simulink 与 MATLAB 交换数据的另一模块,它可以把 MATLAB 工作区中的一个变量读入 Simulink,供系统模拟与仿真使用。

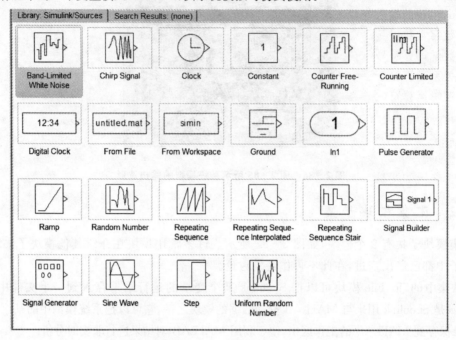

图 2-88 源模块子集

2.3.14 用户自定义函数模块子集

用户自定义函数模块对系统模型的建立起着重要的作用,尤其在建立复杂的信号处理系统模型时,这些模块必不可少。这一模块子集中共有 7 个模块,如图 2-89 所示。下面对几个常用模块作介绍。

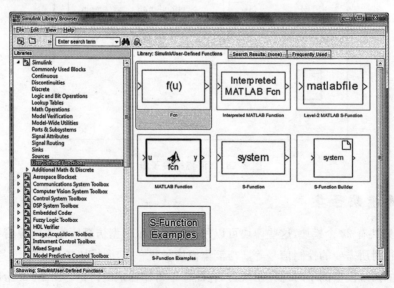

图 2-89 用户自定义函数模块子集

Fcn(函数)模块

利用 Fcn 模块可以对模块的输入进行规定的数学运算,数学运算的表达式可由下面的符号、变量或数学函数组成:

- u,模块的输入变量
- 数字常数
- 数学运算符号(＋ － ＊ /^)
- 关系运算符(＝＝,!＝,＞,＜,＞＝,＜＝),关系成立时,结果为1,否则为0
- 逻辑运算符(&&,‖,!),关系成立时,结果为1,否则为0
- 括号
- 数学函数:abs acos asin atan atan2 ceil cos cosh exp fabs floor hypot ln log log10 pow power rem sgn sin sinh sqrt tan tanh
- 工作区的变量

数学运算表达式不能包括矩阵运算,模块的输入可以是标量也可以是矢量,但输出总是标量。模块输入、输出必须是单精度或双精度的浮点信号。

Interpreted MATLAB Fcn(解译型 MATLAB 函数)模块

该模块执行 MATLAB 的内部函数或运算表达式。其调用函数的输出变量的维数必须与模块的输出维数一致,否则就会出现错误。Interpreted MATLAB Fcn 模块的输入和输出都必须是双精度的浮点信号,但可以是实信号也可以是复信号,由模块的 Output signal type 参数设定。这个模块的运行速度要比 Fcn(函数)模块慢,因为在每一个运算的积分步上都需要调用 MATLAB 解译器。因此可以考虑尽可能地采用内建(built-in)数学运算模块(见 2.3.8 小节)。

MATLAB Function(MATLAB 函数)模块

MATLAB 函数模块采用 MATLAB C 代码生成技术(MATLAB Coder),其内容用 MATLAB 的语法和句法编写,并符合 MATLAB C 代码生成技术对 MATLAB 编程所附加的规定与规则。在进行系统仿真时,MATLAB 函数模块和其他 Simulink 模块一样,进行编译、产生 C 代码和可执行代码后再运行。MATLAB 函数模块提供了一个极为方便的、不影响 Simulink 仿真性能的利用 MATLAB 进行建模的途径。本书将在第 7 章中对 MATLAB C 代码生成技术作介绍,包括如何使用 MATLAB 函数模块。

S-Function(S-函数)模块

S-Function 是 system function 的简称。S-Function 是对用不同编程语言(MATLAB,C,C++,Ada 或 FORTRAN)写成的 Simulink 模块的一种机器描述。C,C++,Ada 和 FORTRAN S-Function 通过 MEX 工具编译成 MEX 文件,成为一个可动态连接的子程序。MATLAB 解译器可以对其自动上载并执行。

S-Function 采用一种称为 S-Function API 的特殊的调用句法与 Simulink 引擎产生互动。

这里不准备详细讨论 S-Function API,有兴趣的读者可以从 Simulink 使用手册中获得其详细内容。本书将在第 7 章中详细介绍如何使用传统代码工具(Lagacy Code Tool)将一个 C 程序转换为一个 C-MEX S-Function。在将这样的一个 S-Function 的名字置入一个 S-Function 模块中后,就可以在 Simulink 系统模型中使用现有的 C 程序了。

2.4 用 Simulink 进行系统仿真

前面已讨论了用于建立系统模型的 Simulink 基本模块。当系统建模完成后,下一个步骤就是进行仿真,在进行仿真前,必须规定各种仿真参数,如仿真起始与终止时间,Simulink 在每个时步点对模型求解的求解器的类型等。规定或设置仿真参数的过程叫做仿真设置。在确定了满足要求的仿真设置后,就可以开始系统仿真,即运行已建立的系统模型了。当仿真出错时,Simulink 会暂停模型的执行并弹出一个含有出错显示及可能原因的检测窗口来帮助用户确定错误产生的原因。

下面就仿真设置中的几个关键方面进行比较详细的讨论。

2.4.1 Simulink 求解器的选择

求解器是 Simulink 软件的一个重要组成部分。求解器根据需要满足的仿真精度确定下一个仿真时步点。Simulink 提供了一系列的求解器,每种求解器都有其特定的应用场合。

1. 求解器的类型

Simulink 把各类求解器分为两大类:固定步长求解器与可变步长求解器,两种求解器都是将当前时步点加上步长后得到下一个时步点。所不同的是,对固定步长求解器,其步长在整个仿真过程中保持不变,而对可变步长求解器,其步长根据系统的动态变化情况可以在不同的时步点上变化。当模型的状态变化迅速时,可变步长求解器为保持仿真精度而减小步长,而当模型状态变化缓慢时可变步长求解器则增大步长,以避免计算不必要的时步点。

Simulink 求解器设置框中的类型(type)控制可以让用户选择采用何种求解器。从 Simulink 模型的命令菜单的 Simulation 下选择 Configuration Parameters 就得到如图 2-90 所示的参数设置对话框。在单击了求解器 Solver 后,右边的第一个是仿真时间(Simulation time)设置框,第二个就是求解器选择框(Solver options)。与图 2-90 所示的设置相对应的是 van der Pol 方程模型,如图 2-91 所示(在 MATLAB 命令窗下键入 vdp 即可打开该模型)。

是选取固定步长还是可变步长求解器取决于系统模型的最终实现平台及系统的动态变化情况。如果有计划要从系统模型生成代码并让模型在一个实时计算机系统上运行,就适宜选择固定步长求解器。这是因为实时计算机系统是在固定步长条件下,以一定的信号采样率工作的。采用可变步长求解器,可能造成仿真时不能在实时计算机系统上显示可能发生的出错条件,进而得到一些误导用户的结果。

如果不准备从系统模型生成代码并在实时计算机系统上运行系统模型,采用何种形式的求解器则取决于系统的动态变化情况。如果系统模型变化迅速,或者有不连续点,那么采用可变步长求解器可以大大加快仿真的速度。因为对于这样的系统模型,可变步长求解器可以用少于固定步长求解器所需要的时步点来达到基本相同的仿真精度。

2. 固定步长求解器

在将求解器的类型设置为固定步长后,有一组相应的求解器可以选择,它们是固定步长离散求解器和固定步长连续求解器。

固定步长离散求解器

固定步长离散求解器在当前时步点上加上所选择的固定步长得到下一个时步点,步长的

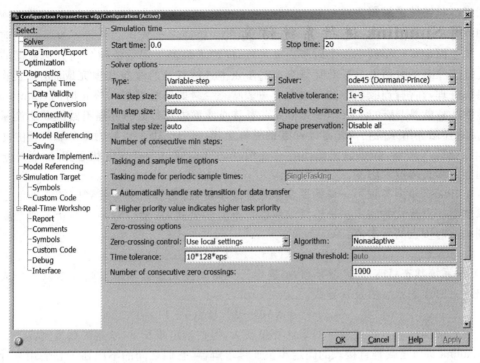

图 2-90 与图 2-91 中的系统模型相对应的仿真参数设置对话框

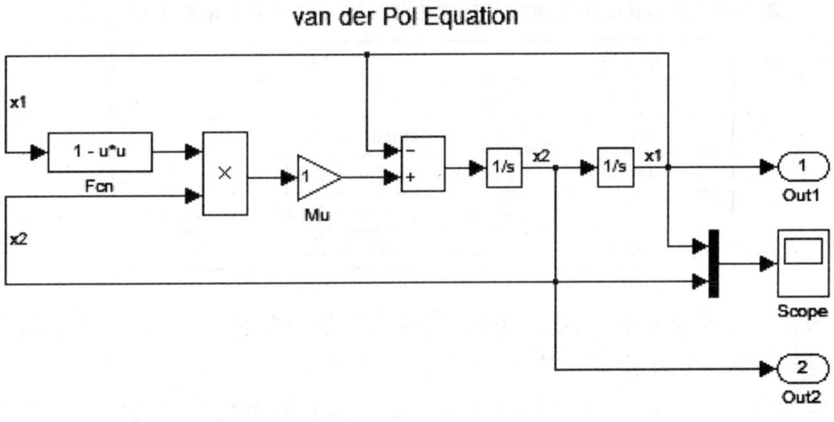

图 2-91 代表 van der Pol 方程的系统模型

大小决定了仿真的精度和仿真所需要的时间。用户可以让 Simulink 选择时步的长度，也可以自己选择。如果由 Simulink 选择，并且系统模型中含有离散状态变量，那么 Simulink 把步长设置为模型的基本采样时间。这样的选择可以保证每个采样时间点上，模型的离散状态变量能够得以更新。在没有离散状态变量的情况下，Simulink 将仿真的时间长度（仿真起始时间与结束时间之间的差）除以 50 得到步长。

固定步长离散求解器有一个局限性，它不能用来仿真含有连续状态变量的系统模型，这是因为固定步长离散求解器依靠模型中的模块计算其定义的状态值。含有离散状态变量的模块在求解器的时步点上计算离散状态的取值，而含有连续状态变量的模块则由 Simulink 求解器来计算连续状态的取值的。因此凡是含有连续变量的模型都应该选用连续求解器。

固定步长连续求解器

和固定步长离散求解器一样,Simulink 提供的一组固定步长连续求解器也是在当前的时步点上加上固定步长得到下一个时步点。另外,连续求解器采用数值积分的方法根据前一时步点上连续状态的取值及其导数计算当前时步点上连续状态的值。这就使得固定步长连续求解器可以处理既含有连续状态变量也含有离散状态变量的系统模型。

应当注意的是,从理论上讲,一个固定步长连续求解器可以处理不含有连续状态变量的模型,但是这样做会给系统仿真增加不必要的计算负担。因此,即使已经为某个系统模型选取了固定步长连续求解器,如果该模型不含有连续状态变量或只含有离散状态变量,Simulink 仍将使用固定步长离散求解器。

Simulink 提供两类很不一样的固定步长连续求解器,它们是直接式和间接式的固定步长连续求解器。直接式的固定步长连续求解器按下面的公式,从前一时步点的状态值及状态导数得到当前时步点的状态值:

$$X(n) = X(n-1) + h \times DX(n-1)$$

式中,X 是系统状态;DX 是状态导数;h 是步长。而间接式连续求解器则根据以下公式间接地推出下一时步的状态值及其导数:

$$X(n+1) - X(n) - h \times DX(n+1) = 0$$

这类求解器比起直接式求解器来计算量要大,但在给定步长下,求解的精度更高。

Simulink 提供了 5 种直接式的固定步长连续求解器,它们之间的不同在于它们用来计算状态导数时采用了不同的积分器技术,表 2-9 列出了这些求解器的名称及其采用的积分技术。

表 2-9　Simulink 中的直接式固定步长连续求解器及其相应的积分技术

求解器	积分技术
Ode1	Euler's Method
Ode2	Henn's Method
Ode3	Bogacki-Shampine Formula
Ode4	Fourth-Order Runge-Kutta (RK4) Formula
Ode5	Domand-Prince Formula

一般说来积分技术越复杂,精度就越高,当然计算量也就越大。表 2-9 中的求解器是按积分技术的复杂性程度按次序列出的。Ode1 最简单,Ode5 最复杂。

如同固定步长离散求解器,采用固定步长连续求解器的系统仿真的准确程度和所需要的运行时间取决于求解器的步长。步长越小,结果越准确,仿真的时间也越长。给定步长,计算复杂性越高的求解器,仿真的准确程度也越高。

当决定对一个系统模型采用固定步长求解器时,Simulink 自动将求解器设为 Ode3,即 Simulink 将求解器设为一个具有中等计算复杂程度,既能处理连续状态也能处理离散状态的求解器。如果模型含有离散状态,Simulink 则用基本采样间隔作为步长。如果模型不含有离散状态变量,那么求解器的步长等于仿真时间长度除以 50。这样的设置可以保证在一定的采样率下,需要更新离散状态的时间点都是求解器的时步点。但是这并不能保证这种按缺省方式选取的求解器可以准确地求解系统的连续时间状态变量,也不表示模型不可以用更简单的求解器,以及用较少的时间完成仿真运算。用户往往需要根据实际模型动态变化情况选取更为合适的求解器,以使仿真结果能在较短时间里达到可接受的精确程度。

除直接式固定步长连续求解器外，Simulink 还提供一种间接式的固定步长连续求解器：Ode14x。这种求解器把牛顿法与外插法结合起来，利用当前状态值求解系统状态在下一时步的取值。Simulink 允许用户规定牛顿法的迭代次数及外插的阶数。迭代次数越多，外插阶数越高，每一时步所需的计算量就越大，因此所获得的仿真精度也越高。

上面已经提过，对某一特定的系统模型，缺省求解器不一定是最合适的求解器，那么应该如何选取固定步长连续求解器呢？

理论上说，任何一种 Simulink 提供的求解器，只要有足够的时间，采用足够小的步长，都能达到需要的仿真精度。但是不幸的是，一般说来，用户不可能在进行仿真前就能确定用哪种求解器，以多大的仿真时步，在最短的时间里结束仿真并达到可接受的准确程度。最佳求解器的确定通常是通过实验的方法得到的。

这里介绍一种通过实验选取最佳的固定步长求解器的方法。首先，用 Simulink 提供的可变步长求解器中的一种来进行系统仿真并达到所需要的精度。这样做的结果可以让用户对仿真的结果有一个数。接下来，采用缺省步长值和 Ode1 求解器进行仿真，并把结果与可变步长求解器获得的结果进行比较。如果在一定的精度下，它们的结果相同，那么 Ode1 就是要找的最佳固定步长连续时间求解器，否则就再试用其他固定步长连续时间求解器，直至 Ode5。如果 Ode5 仍然不能达到所需的仿真精度，就必须减小步长，重复上述过程直至找到最为合适的求解器。

3. 可变步长求解器

与固定步长求解器一样，可变步长求解器也分为两类：可变步长离散求解器和可变步长连续求解器。离散和连续求解器都是在当前时步点上加上步长得到下一个时步点，而步长则是由系统模型中状态变量的变化速率决定的。另外，连续求解器采用了数值积分的办法计算下一个时步点的连续状态变量的取值。

究竟选择何种求解器取决于系统模型是否定义了状态及状态变量的类型。如果模型没有状态变量或只有离散状态，那么应该选用离散求解器，否则，则必须选用连续求解器。

可变步长连续求解器

可变步长求解器在仿真过程中不断改变步长，当模型的状态变化迅速时减小步长，而当模型状态变化缓慢时增大步长。重新计算确定新的步长增加了在每一个时步点的计算量和复杂性，但可以减少总的仿真时步点，从而缩短仿真时间。

Simulink 提供的可变步长连续求解器有几种，由表 2-10 列出。

表 2-10 Simulink 提供的可变步长连续求解器

求解器	特 征	应 用
Ode45	显式 Runge-Kutta（4,5）(称 Dormand-Prince 对) 一步求解器①	Simulink 的缺省求解器
Ode23	显式 Runge-Kutta（2,3）(称 Bogacki-Shampine 对) 一步求解器	较大容差时比 Ode45 更有效
Ode113	可变阶 Adams-Bashforth-Moulton PECE 求解器 多步求解器	在严密容差下比 Ode45 更有效

---

① 一步求解器指的是在求解当前时步点的状态变量值时，只需要知道前一步的状态值。如果需要前几步的状态值，则称为多步求解器。

续表 2-10

求解器	特征	应用
Ode15s	基于数值差分公式(NDFs)的可变阶求解器多步求解器	如果 Ode45 失败或者效率很差,可以试用 Ode15s
Ode23s	基于修正型的二阶 Rosenbrook 公式一步求解器	在大容差下,比 Ode15s 更有效,尤其是对于"僵硬"模型 Ode15s 效果不好时
Ode23t	采用自由内插的梯型法则	用于中等"僵硬"模型
Ode23tb	采用间接式 Runge-Kutta 公式,其第一级采用梯型法则,第二级采用二阶后差分(BDFs)公式(又称 Gear 法)	与 Ode23s 类似,对大容差的"僵硬"型问题更有效

Simulink 的可变步长求解器采用标准的局部误差控制技术来监视仿真在每个时步点的误差情况。求解器在每个时步的运算结束前计算状态值,并确定这些状态值的误差估计,再将这些局部误差与可接受误差进行比较。可接受误差是相对容错($rtol$)及绝对容错($atol$)的函数。如果比较结果显示某个状态变量的局部误差大于可接受误差,求解器将缩小时步,重新计算。

相对容错指的是误差与每个状态值的相对大小。相对容错代表的是状态值的百分比。Simulink 的相对容错的缺省值为 1e-3,也就是说,所计算的状态值要准确到其 0.1% 以内。绝对容错指的是误差的门限值,这一容错表示的是在状态值趋于 0 时的可接受误差。

对任何状态变量 x_i,其误差 e_i 必须满足

$$e_i \leqslant \mathrm{Max}(rtol \times |x_i|, atol_i)$$

式中,$atol_i$ 是第 i 个状态的绝对容错值。

图 2-92 是一个状态变量的可接受误差与相对容错及绝对容错的关系的示意图。

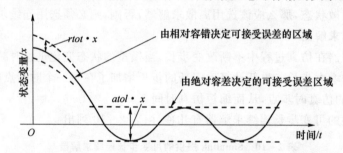

图 2-92 状态变量的可接受误差与相对容错及绝对容错的关系

Simulink 在缺省设置下,每个状态的起始绝对容差为 1e-6。在仿真过程中,Simulink 重新把每个状态的绝对容差改设为每个状态的直至当前的最大值乘以该状态的相对容差。例如,如果一个状态的变化范围是 0~1,并且相对容差 rtol 是 1e-3,那么在仿真结束时,绝对容差 atol 就变成了 1e-3;如果状态的变化范围是 0~1 000,那么绝对容差 atol 则成为 1。如果如此设置的容差值不合适,用户也可以自己确定容差值。但是通常一个合适的绝对容差值要通过多次仿真运行才能确定。

除了在 Configuration Parameters 对话框中设置模型仿真的总的绝对容差值,积分器(Integrator)模块、传输函数(Transfer Fcn)模块以及零—极(Zero-Pole)模块还可以规定这些模

块计算求解的模型状态的绝对容差值。在这种情况下,用户规定的模块的绝对容差将代替在 Configuration Parameters 对话箱中设置的模型绝对容差。

2.4.2 仿真性能及精度的改善

有许多因素可以影响仿真的性能和精度,比如模型的设计、构造、仿真参数的设定。一般说来,采用缺省参数值,Simulink 求解器可以准确有效地处理大多数系统模型的仿真问题。但是对有些模型,适当地调整求解器参数可以得到更好的仿真结果。另外,如果已知模型的一些特征和行为,并把这些信息提供给求解器,仿真的结果也可以得到改善。

1. 加快仿真速度

仿真速度慢可以由以下多种原因造成:

① 模型中含有解释型 MATLAB 函数(Interpreted MATLAB Function)模块。如果一个模型中含有一个解释型 MATLAB 函数模块,那么在每个时步点上,Simulink 引擎都要调用 MATLAB 解释器(Interpreter),从而大大降低了仿真速度,因此要尽量采用内建函数(Fcn)模块。

② 模型中使用了 MATLAB 文件 S-Function。同样,这也造成在每一时步点上对 MAT-LAB 解释器的调用。可以考虑将含有 MATLAB 文件 S-Function 的部分转换成子系统或者采用 C-MEX 文件 S-Function。

③ 模型中有记忆(Memory)模块。采用记忆模块会让阶数可变的求解器(Ode15s 和 Ode113)在每个时步点将阶数重新设置到 1。

④ 最大的步长太小了。如果你改变了最大步长,试着用缺省步长运行一下。

⑤ 精度的要求太高。相对容差的缺省值(0.1%的精度)通常是足够的。对于有些模型,它们的一些状态变量的取值是可以到 0。如果绝对容差太小的话,仿真就会在零状态附近取太多的时步。

⑥ 对于一个僵硬的问题,仅仅从设计的角度选择解决僵硬系统的求解器;为求改善可以试着采用 Ode15s。

⑦ 多采样率模型的各采样率之间不成倍数。在这种情况下,求解器就会取很小的时步以保证各采样率下的采样点都成为时步点。

⑧ 模型中有代数环。代数环的解是在每个时步点通过迭代方法得到的,因此会更严重地恶化仿真性能。

⑨ 模型中的一个积分器的输入是一个随机数(Random number)模块。对连续时间系统,建议采用带限白噪声(Band limited white noise)模块。

2. 改善仿真精度

一种有效的检查仿真精度的方法是:首先采用缺省相对容差值(1e−3),在一个合理的时间区间运行系统模型,然后,或者把相对容差改成 1e−4,或者减小绝对容差,再运行系统模型。如果两次仿真的结果的差别没有特别大的变化,那么可以认为仿真的解已经收敛。

如果仿真没有观察到模型起始运行时的一些行为特征,可以减少起始步长,使得仿真不至于跳过系统起始运行时的一些重要行为特征。

如果仿真结果在一段时间变得不稳定,那么可能的原因有:

- 设计的系统本身可能不稳定。

- 如果使用的求解器是 Ode15s，可能要将其最高阶数限制为 2，或者试着采用 Ode23s。如果仿真结果看起来不准确，那么
- 对于有些模型，其部分状态变量的取值可能接近或为零。在这种情况下，如果绝对容差太大就会导致仿真在系统状态的零值附近所取的时步点过小。可以减小绝对容差或者对个别状态的绝对容差进行调整。
- 如果减小绝对容差没有能显著改善仿真精度，可以尝试减小相对容差，减小可接受误差，伴之以采用较小的步长，增加仿真的时步点。

第 3 章
Simulink 的扩展——DSP 系统工具箱

前面两章介绍了 Simulink 的基本工作原理,以及如何用 Simulink 的基本模块建立系统模型,并讨论了用 Simulink 进行系统仿真时的一些关键问题。

同 MATLAB 有许多扩展工具箱(Toolbox)一样,Simulink 也提供了一系列扩展模块集,为 Simulink 在不同领域的应用提供了强有力的支持。这些扩展模块集在 2011 年之前称为 Blockset,如信号处理模块集(Signal Processing Blockset)就是这样的一个扩展模块集。从 R2011a 版本起,MATLAB/Simulink 的产品类别模块集(Blockset)被替换成了系统工具箱 (System Toolbox)。以前的信号处理模块集就是新的 DSP 系统工具箱(DSP System Toolbox)中与 Simulink 相对应的部分。在 Simulink 下,利用 DSP 系统工具箱中的核心模块、部件,从缓冲寄存器到线性代数求解器,从滤波器组到参数估计器,用户可以迅速、高效地构成复杂的数字信号处理系统。

3.1 几个重要概念

本章先讨论与信号处理及利用 DSP 系统工具箱建立 Simulink 模型有关的几个基本概念。掌握这些基本概念对选用合适的建模模块,理解模型中信号的通道与流向以及相应的操作,建立优化的系统模型起着极为关键的作用。

3.1.1 信号

在 Simulink 中,信号可以是实信号,也可以是复信号。信号的大小可以用双精度的浮点数来表示,也可以用定点数表示。Simulink 支持双精度与单精度的浮点运算,也支持不同字长的定点运算。另外,在 Simulink 模型中,还把信号区分为样本信号、帧信号、单通道或多通道信号。

3.1.2 信号的采样时间

采样时间是与离散时间信号有关的一个重要概念。采样时间是时间轴上某些特定的时间点,离散时间信号只在这些特定的时间点上有定义并有一定的数值。通常,这些采样时间点上的信号数值被称为信号的样本。有时,信号的采样时间点也被称为信号的样本点。采样时间点之间的时间间隔相等的离散时间信号称为周期性的采样信号。采样时间点之间的时间间隔称为采样周期,常用 T_s 表示。采样速率或采样率 F_s 是采样周期的倒数,即 $F_s=1/T_s$,代表每秒钟的采样样本数。

3.1.3 样本信号

如果在系统模型中对信号的处理是一个样本一个样本进行的,那么这样的信号就被称为样本信号(sample based signal)。如果信号是被按批或按组处理的,那么这样的信号就称为帧信号(frame based signal)。在 Simulink 中,样本信号用一个三维矩阵来表示,例如,一个 1

×1×L 的三维矩阵表示一个单通道的、长度为 L 个样本的样本信号;而一个 M×N×L 的三维矩阵表示的是一个具有 M×N 个独立通道、长度为 L 的样本信号。

需要强调的是,样本信号与帧信号的概念及其表示方法是 Simulink 特有的。通常遇到一个维数为 L×1 的向量信号时,用户会认为这样的一个向量信号是信号的一个帧,称其为帧信号。但是在 Simulink 里,一个维数为 L×1 的向量信号的性质可以是样本信号,也可以是帧信号。当其被解释为样本信号时,该向量的每个元素被认为是来自不同的独立信号通道的样本。下面来看几个有关样本信号的例子。

在图 3-1 所示的 Simulink 模型中,来自工作区信号(Signal From Workspace)模块将一个变量 A 读入 Simulink 模型。在 MATLAB 工作区,A 是一个 4×1 的向量:

$$A = \begin{bmatrix} 1 \\ 2 \\ 3 \\ 4 \end{bmatrix} \quad (3-1)$$

来自工作区信号模块,是 DSP 系统工具箱信号管理(Signal Management)模块子集中的一个模块。这是一个为适应信号处理系统的特点,由 Simulink 基本模块库中的来自工作区(From Workspace)模块与 DSP 系统工具箱中的帧转换(Frame Conversion)模块构成的子系统模块,如图 3-2 所示,该子系统模块的参数设置如图 3-3 所示。

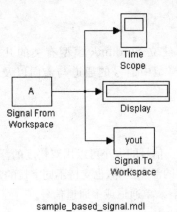

图 3-1 一个获取样本信号的 Simulink 模型

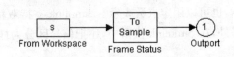

图 3-2 来自工作区信号模块的组成

当这个模块的模块参数——每帧的样本数(Samples per frame)设为 1 时,Simulink 将 A 的元素读入 Simulink,并将他们转换成 Simulink 意义上的样本信号。图 3-1 所示模型的运行结果由进入工作区信号(Signal To Workspace)模块存入 MATLAB 工作区并以变量名 yout 表示,即

```
>> yout
yout(:,:,1) =
     1
yout(:,:,2) =
     2
yout(:,:,3) =
     3
```

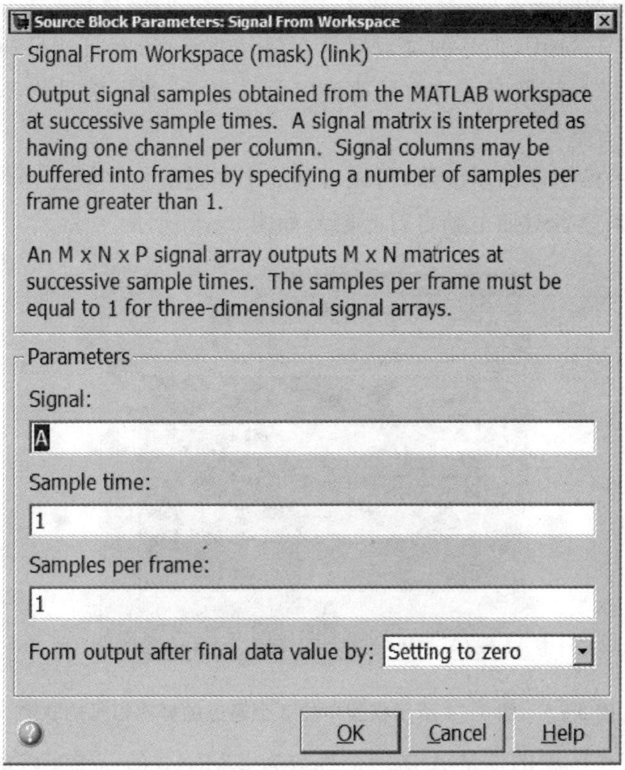

图 3-3 来自工作区信号（Signal From Workspace）模块的参数设置

与来自工作区信号模块的构成类似，进入工作区信号（Signal To Workspace）模块也是为适应信号处理的系统的特点由 Simulink 基本模块集中的进入工作区（To Workspace）等几个模块组成的子系统模块。在图 3-4 所示的 Simulink 模型（sample_based_signal1.mdl）中，MATLAB 工作区中的变量 A 不是一个向量而是一个维数为 $4×3$ 的二维矩阵：

$$A = \begin{bmatrix} 1 & -1 & 0 \\ 2 & -2 & 1 \\ 3 & -3 & 2 \\ 4 & -4 & 3 \end{bmatrix} \qquad (3\text{-}2)$$

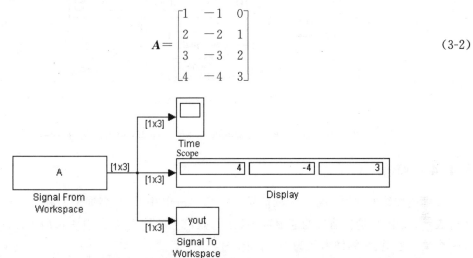

图 3-4 工作区变量为二维矩阵时获得样本信号的例子

进入 Simulink 模型的样本的维数变成了 1×3，但是它们仍然是样本信号——具有 3 个通道的样本信号。在图 3-4 中，信号的维数标示在信号通路旁，而且信号通路均为单线。这是因为在 Simulink 中，样本信号流经的信号通路以单线表示，而帧信号流经的信号通路则用双线表示。

打开图 3-4 所示模型中的示波器，可以看到 3 个通道的信号轨迹，分别由黄色、红色和蓝色线条给出（颜色效果读者对照电脑自行观察），如图 3-5 所示。

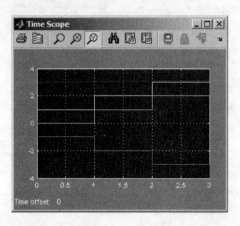

图 3-5　图 3-4 所示模型中的 3 个通道的样本信号的轨迹

当 MATLAB 工作区中的变量 **A** 是一个维数为 2×2×3 的三维矩阵时，进入 Simulink 模型的信号是一个维数为 2×2 样本信号，每个 2×2 矩阵中的元素代表了来自 4 个独立信号通道的样本。这种情况下的 Simulink 模型及其运行结果显示在图 3-6 中。注意到该模型中的 **A** 是一个随机三维矩阵。

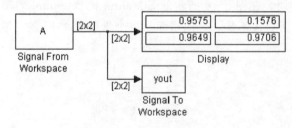

图 3-6　Simulink 模型 sample_based_signal2.mdl 及其运行结果

3.1.4　帧信号

按批或按组处理的信号称为帧信号。在 Simulink 中，一个多通道的帧信号用一个 $M \times N$ 矩阵表示，其中 N 是帧信号的通道数，M 是每帧信号的样本个数。一个 $M \times 1$ 的向量表示的是一个单一通道、每帧样本数为 M 的帧信号。

图 3-7 所示是一个 Simulink 从 MATLAB 工作区按帧获取信号样本的例子。

该例中来自工作区信号模块的参数设置如图 3-8 所示。每帧样本数为 2，变量 **A** 与式

(3-1)相同。该模型在运行 2 s 后的输出为

```
>> yout
yout =
    1
    2
    3
    4
```

注意,图 3-7 中信号的维数为 2×1。由于信号为帧信号,所有信号通路都由双横线表示。

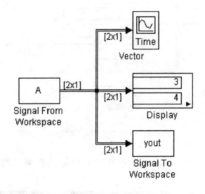

图 3-7 Simulink 从 MATLAB 工作区按帧获取信号

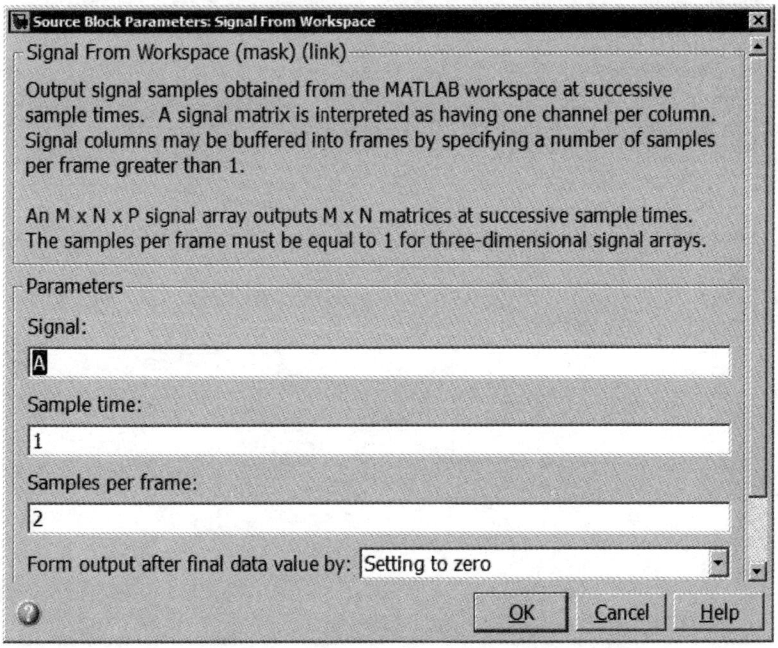

图 3-8 模型 fame_based_signal.mdl 的参数设置

当变量 A 为式(3-2)所示的二维矩阵时，相应的 Simulink 模型及其运行输出如图 3-9 所示。

注意，图 3-9 中信号的维数为 2×3。因为信号为帧信号，必须用 DSP 系统工具箱信号汇合子集中的向量示波器(vector scope)来显示信号波形。图 3-9 所示模型中的向量示波器有 3 条信号曲线，分别代表式(3-2)中的 3 个列向量，如图 3-10 所示。

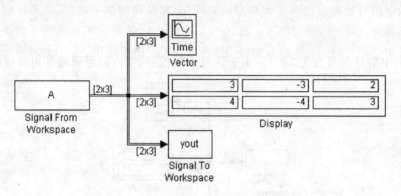

图 3-9 输入为二维矩阵时获取帧信号的模型

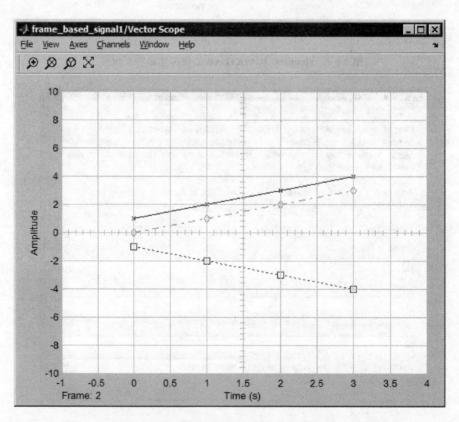

图 3-10 图 3-9 所示 Simulink 模型中向量示波器的波形显示

3.2 DSP系统工具箱的特征

DSP系统工具箱收集了一组专门为数字信号处理的应用设计的模块库。这些模块库中的模块可以进行数字信号处理的许多关键和常用的操作,如经典的数字滤波、多采样率和自适应滤波、线性代数、统计、估计、时频变换等。图3-11显示了DSP系统工具箱所含的10个模块库。将在后续章节中讨论它们的功能以及如何用这些模块库中的模块建立信号处理系统模型。

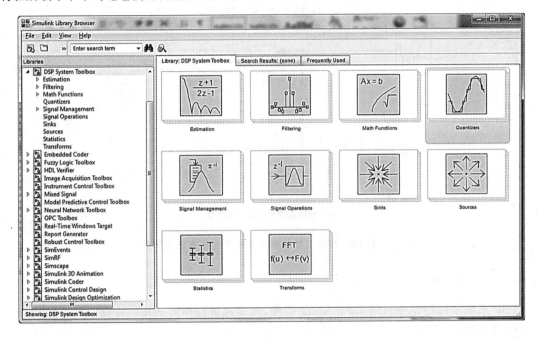

图3-11　DSP系统工具箱

3.2.1 帧操作

大多数数字信号处理系统为了提高信号处理的流量,采用了"批处理"或"帧处理"的模式。一批或一帧信号是收集/储存在时间上前后连续的信号样本。以"批处理"或"帧处理"的形式进行信号处理可以加快信号处理算法执行的速度,同时也可以减轻对数据采集硬件的压力。

chirp_pulse_chain.mdl是一个展示如何用DSP系统工具箱中的模块产生"样本信号"(Sample-Based Signal)和"帧信号"(Frame-Based Signal)的Simulink模型。图3-12(a)产生基于样本的线性调频脉冲串,其中Chirp模块的模块参数——每帧样本数(Samples per frame)的取值为1。而图3-12(b)则产生基于帧的线性调频脉冲串,其中Chirp模块的每帧样本数为1 000。应该特别注意到,显示帧信号的示波器(Scope)是DSP系统工具箱中信号汇集(Signal Processing Sinks)库中的向量示波器(Vector Scope),如果用Simulink的信号汇集模块集(Sinks)中的示波器(Scope)显示帧信号,就会出错。

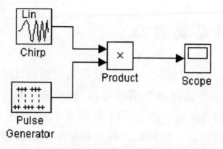

(a) 调频脉冲串样本信号的产生

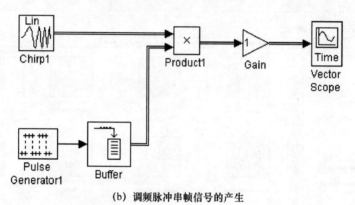

(b) 调频脉冲串帧信号的产生

图 3-12　用 DSP 系统工具箱中的模块产生样本信号和帧信号

3.2.2　矩阵操作

DSP 系统工具箱充分利用了 Simulink 方便、高效地进行矩阵操作的特点。

1. 常用的二维阵列

Simulink 或 DSP 系统工具箱中的矩阵和通常数学意义的矩阵的性质和使用是相同的。大多数与一般矩阵操作有关的模块都包括在数学函数模块库中的矩阵与线性代数子模块库中。

2. 矩阵分解

DSP 系统工具箱提供了最常使用的矩阵分解模块，如 Cholesky 分解、LU 分解和奇异值(SVD)分解模块。

3. 多通道帧信号

在 Simulink 中，多通道帧信号通常用矩阵来表示，矩阵的列就是不同通道的信号。矩阵的行数是每帧信号中信号样本的个数。

3.2.3　数据类型支持

DSP 系统工具箱各模块子库中的模块都能支持采用单精度或双精度的系统仿真并且可以通过使用 Simulink 代码生成器(Simulink Coder)生成 C 代码。许多模块还支持定点数据和二元数据。利用数据类型转换(Data Type Conversion)模块，可以在下列几种数据类型中选择合适的数据类型和操作方式：

- 双精度浮点运算。
- 单精度浮点运算。

- 二元数据类型。
- 整数(8,16 或 32 位)。
- 无符号整数。
- 定点数。
- 用户自定义的数据类型。

3.2.4 复杂的信号处理操作

DSP 系统工具箱提供众多复杂的信号处理模块,包括:
- 自适应及多数据率滤波。
- 统计操作。
- 线性代数运算。
- 参数估计。

本书将在后续章节中对上述复杂的信号处理模块进行讨论,介绍如何用这些复杂模块进行信号处理系统的建模和仿真。

3.2.5 实时代码生成

DSP 系统工具箱中的所有模块都可以通过使用 Simulink 代码生成器自动生成标准的 C 代码(ANSI C)。本书不准备对 Simulink 代码生成器作详细介绍,读者可以在 MathWork 公司的网站上找到相关资料。

3.3 采样速率与帧频率

采样速率(或简称为采样率)是离散时间信号的一个重要参数。对于一个通过周期采样获得的离散时间信号,采样速率等于该离散时间信号每秒钟含有的样本数。

帧频率是描述帧信号的一个重要参数。一个长度为 N、样本采样率为 f_s 的帧信号,其帧频率 $f_f = f_s/N$;相应地,该帧信号的帧周期 $T_f = N/f_s$,或者写成 $T_f = N \times T_s$,这里 $T_s = 1/f_s$ 是信号的样本周期。

在用 Simulink 建立信号处理系统模型时,妥善地设置信号的采样率可以归结为妥善地设置所采用的源模块,如来自工作区信号模块、信号产生器模块等的采样率。Simulink 会自动地计算后续模块的采样速率。

3.3.1 采样速率与帧频率的检测

在进行信号处理系统的建模与仿真时,需要随时观察和检测信号处理系统的不同部分、不同信号的样本速率。当工作的对象为多采样率系统时,这样的观察和检测就显得格外重要。Simulink 提供了两种观察和检测信号的采样率和帧频率的方法。

一种方法是用信号检测模块来检测信号速率。2.3.10 节已讨论过信号检测模块。当只关心信号的采样速率或帧频率时,信号检测模块只有一个输出端,如图 3-13 所示。

根据检测模块连接处信号为样本信号或帧信号,这个模块显示标记 Ts 或 Tf,标记后面跟有一个含有 2 个元素的向量。这个向量的第一个(左边的)元素显示被检测信号的周期(样本

图 3-13 只检测信号采样率的检测模块

周期或帧周期);第二个(右边的)元素是信号样本时间的偏移值,通常这个数值为 0。

除了用信号检测模块观察信号速率以外,还有一种方法是通过信号源系统的色码来显示信号速率的变化。在 Simulink 命令菜单的格式(Format)菜单下选择 Sample Time Display,并取 Color 后,Simulink 就会根据信号的速率用不同的色码表示信号通路。对于样本信号,不同的色码表示不同的采样速率,对于帧信号,色码的变化显示了帧频率的变化。在 Simulink 中,红色表示最高速率,绿色表示次高速率,而蓝色则表示第三高的速率。

图 3-14 所示是观察和检测样本信号的采样速率的例子,在这个模型中,源模块产生一个线性调频信号,其采样速率为 20 Hz,每帧的样本数设为 1,因此这是一个样本信号系统模型。这个模型中有两个采样速率检测模块,直接连接到信号源输出的检测模块显示采样周期 Ts=0.05,这是因为源信号的采样速率为 20 Hz。而连接到 Upsample 模块后的检测模块显示的采样周期为 0.025。同时可看到较高采样速率部分的模型显示成红色,而较低样本率的部分则为绿色。

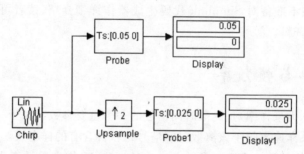

图 3-14 观察和检测样本信号的采样速率

如果把图 3-14 所示模型中的源信号模块改为按帧输出线性调频信号,每帧的信号样本数设为 2,那么就得到如图 3-15 所示的帧信号系统模型。连接到源模块输出端的信号检测模块显示出 Tf=0.1,这是因为这里的帧信号每帧含有 2 个采样率为 20 Hz 的信号样本。

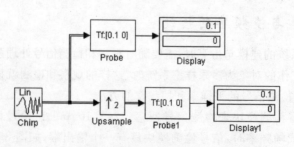

图 3-15 观察和检测模信号的帧频率

值得注意的是,对于帧信号系统模型,不同的色码表示的是不同的帧频率。因此,如果 Upsample 模块的帧模式(Frame_based_mode)被设置为 Maintain input frame rate,如图 3-16 所示,那么尽管模型中一部分信号的采样率是另一部分的 2 倍,整个模型的信号通路的颜色并无变化。

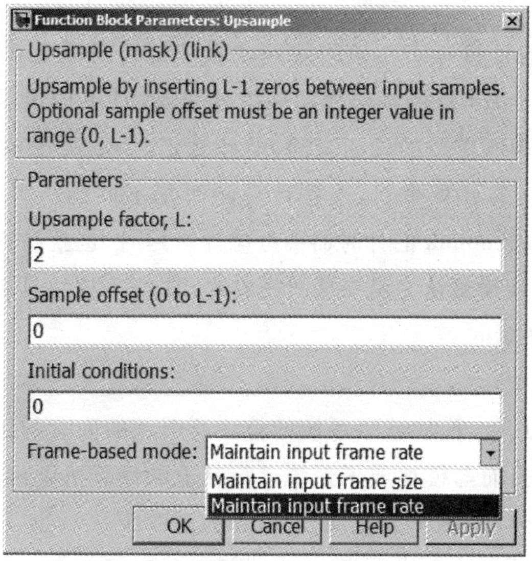

图 3-16　模块输出的帧模式的设定

3.3.2　基于帧信号的 Simulink 模型中的采样率

　　Simulink 对信号的处理采用两种模式:样本模式和帧模式。因此我们把相应的系统模型分别称为基于样本信号的 Simulink 模型和基于帧信号的 Simulink 模型,或者简称为样本信号 Simulink 模型和帧信号 Simulink 模型。一个 Simulink 模型采用何种模式一般由模型中源模块产生信号的方式来决定。如果源模块一个样本一个样本地产生信号,那么 Simulink 处理信号的方式就是样本模式。如果源模块以一定的帧频率一帧一帧地产生信号,那么相继的模块或子系统将以同样的帧频率,即由源模块确定的帧频率,按帧对信号进行批处理。在这样的一个帧信号 Simulink 模型中,由于信号处理算法或者对信号作某种特殊处理的需要,有些模块或子系统处理的帧信号的长度,即每帧信号含有的样本数,并不与源模块产生的帧信号的长度相同,尽管这些模块或子系统处理帧信号的速度与源模块是一致的。这就产生了一个误导人的现象,即认为即使在一个单一速率的系统模型中,信号的采样率在模型中的不同部位也有可能不一样。但事实上,尽管在 Simulink 模型中的不同部位出现了形式上的信号采样率的变化,Simulink 并没有违反基本的信号处理原理。仔细观察"采样率变化了"的信号就会发现,那些信号往往不是时间域的信号波形,它们可能是信息码元或者是信息符号,也有可能是信号在频域的样本点,这些信号的"采样率"并不是时域信号的采样率,它们将随信号处理系统对各类信号如码元、信符或频域数据处理的需要在不同的模块或子系统之间变化。

3.4　模块延迟(Delay)与反应时间(Latency)

　　这一节主要讨论对信号处理与 Simulink 建模至关重要的另一对概念:模块延时与反应时间。

3.4.1 模块延时的类型

在 Simulink 模型中有 3 种模块延时：计算延时、算法延时、过度算法延时。

计算延时

一个模块或子系统的计算延时与该模块或子系统运行时需要执行的操作量或工作量有关。例如，求一个长度为 1 024 点的帧信号的傅里叶变换，FFT 模块需要执行一定数量的乘法与求和运算，完成这些操作所需要的确切时间，即计算延时，取决于执行这些操作的计算机硬件及软件。因此对于不同的计算平台，这些计算延时是不同的。为了排除这些不定因素对 Simulink 仿真性能的影响，Simulink 的计时器不考虑计算延时，也就是说，在 Simulink 里，上述提到的对信号的快速傅里叶变换被认为是在瞬间完成的，即 FFT 模块具有无限快的计算速度。

Simulink 只考虑算法延时。

算法延时

所谓算法延时是指由一个模块或子系统的算法所引入的固有的延时。这个延时只取决于模块或子系统采用的算法，而与模块或子系统运行其上的计算机硬件的速度或性能没有关系。一个最简单的引入算法延时的例子就是 Simulink 的延时模块。当一个信号通过这样的延时模块时，该模块的输出信号与输入信号相比，在时间上延后了一个由该模块的"算法"决定的时间量。对延时模块来说，"算法"决定的延时量实际上就是延时模块的延时参数，通常用样本的个数来表示。一种稍微复杂的情况是对信号进行数字滤波。例如，如果一个 Simulink 滤波器模块要实现一个具有线性相位的有限长冲激响应的数字滤波，那么该滤波器模块的输出相对滤波器的输入而言，将引入一个与该滤波器的群延时（Group Delay）相等的算法延时。

应该注意到，大多数 Simulink 模块，包括 DSP 系统工具箱中的模块，并不引入任何算法延时，也就是说，无论模块完成的操作多么复杂，信号从模块的输入端到模块的输出端的"传输"是在瞬间完成的。这类模块被称为零算法延时模块。前面提到的 FFT 模块就是一个零算法延时模块。

过度算法延时

在一定的条件下，Simulink 可以强迫一个模块引入超出该模块的算法所必需的延时，即引入一定量的额外延迟，这类延时被称为模块的过度算法延时。

过度算法延时，或者叫额外延时又称为任务模式反应时间，因为这部分延时是由 Simulink 在一定任务模式下因同步的需要而引入的。因此，一个模块总的延时（算法延时）应由下式决定：

算法延时＝（理论）算法延时＋任务模式反应时间

3.4.2 模块反应时间

从前面的讨论中可以看到，一个模块的延时不仅与该模块的算法有关，而且与该模块所在的 Simulink 模型的任务模式有关。Simulink 有两种任务模式：单一任务模式、多任务模式。

任务模式是 Simulink 求解器的一个工作参数，可以由用户自行设定。值得注意的是并不是所有 Simulink 模块都会在一定的任务模式下引入过度算法延时。事实上，只有多速率模块才会这样做。在 Simulink 里,如果一个模块的所有输入与输出都工作在同一个帧频率下,那么这样的模块被称为单一速率模块。如果一个模块至少有一个输入或输出的工作帧频率与其他端口不一样时,这样的模块就是一个多速率模块。一个上采样(Upsample)或下采样(Downsample)模块,当其上采样或下采样因子不为 1 时,就是一个多速率模块。这样的模块在一定的任务模式下将引入一个大于 0 的任务模式反应时间,反应时间的大小由模块的参数,即上采样或下采样比例、及仿真设置,即任务模式决定。用户可以在模块的参考说明中查到。对于上采样模块,单击模块参数对话框右下角的"Help"按钮即可打开该模块的参数说明,如图 3-17 所示。

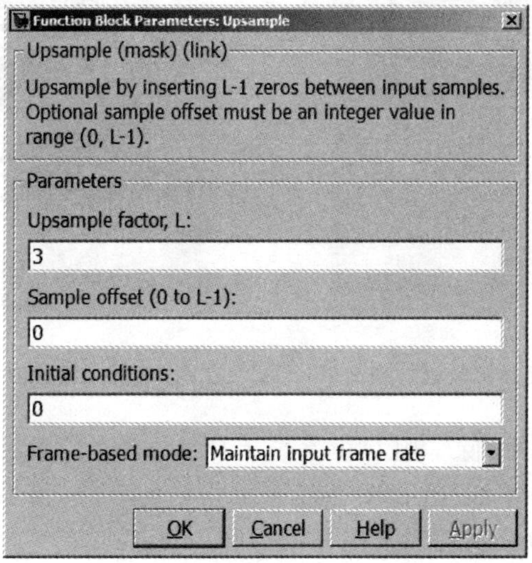

图 3-17 通过单击"Help"按钮得到模块的参考说明

下面来看一个对雷达回波进行匹配滤波的例子。图 3-18 给出了一个对某个雷达回波进行匹配滤波时的 Simulink 模型。在对雷达回波进行匹配滤波前,目标回波淹没在雷达接收机的噪声中,这一情形显示在模型中的示波器上,如图 3-19 所示。

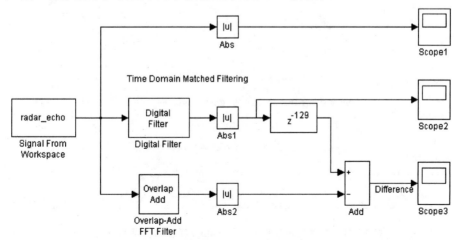

图 3-18 对雷达回波进行匹配滤波的 Simulink 模型

众所周知,对一个信号进行匹配滤波,实际上就是求这个信号的自相关函数。在雷达波形已知的条件下,对雷达回波的匹配滤波可以通过对雷达回波进行数字滤波来实现。数字滤波器的冲击响应就是在时间上翻转了的雷达波形。图 3-18 中的 Simulink 模型中的示波器 2 给出了对雷达回波进行匹配滤波后得到的输出波形,具体波形如图 3-20 所示。不难看出匹配滤波器输出信号的信噪比得到极大提高,目标回波清晰可见。

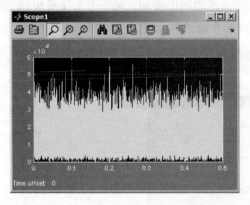
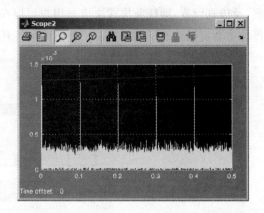

图 3-19　目标回波淹没在雷达接收机的噪声中　　　图 3-20　雷达回波匹配滤波器的输出波形

在这个 Simulink 模型中,除了用 DSP 系统工具箱中的数字滤波器(Digital Filter)模块实现对雷达回波的匹配滤波外,还用 DSP 系统工具箱中的重叠-相加快速傅里叶变换滤波器(Overlap_Add FFT Filter)模块实现了同样的操作。可把该模型的仿真任务模式设为单一任务模式,如图 3-21 所示。重叠-相加快速傅里叶变换滤波器模块的参数设置由图 3-22 给出。

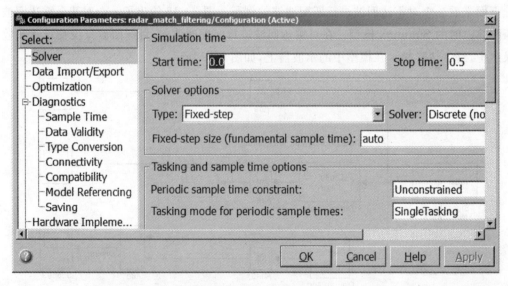

图 3-21　雷达回波匹配滤波 Simulink 模型的仿真参数设置

根据重叠-相加快速傅里叶变换滤波器模块的参数说明,可知,在单一任务模式下,该模块将引入一个数量为

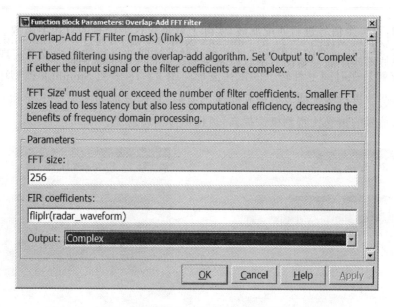

图 3-22 重叠-相加快速傅里叶变换滤波器模块的参数设置

$$\text{傅里叶变换的长度} - \text{滤波器长度} + 1 \tag{3-3}$$

的过度算法延时。在该模型中,傅里叶变换的长度为 256,数字滤波器冲击响应的长度为 128,因此重叠-相加快速傅里叶变换滤波器引入的额外延时为 $256-128+1=129$ 个信号样本。

在雷达回波匹配滤波的 Simulink 模型中,示波器 3 给出了将数字滤波器模块的输出延时了 129 个样本后与重叠-相加快速傅里叶变换滤波器的输出相减后的信号波形,如图 3-23 所示。

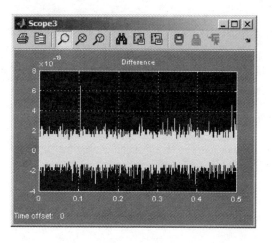

图 3-23 两种匹配滤波器输出的差信号幅度波形

由于差信号的幅度的量级大小为 10^{-19},从而验证了重叠-相加快速傅里叶变换滤波器模块的过度算法延时,或任务模式反应时间可由式(3-3)给出。

当 Simulink 求解器的任务模式设为多任务模式时,这个模块的过度算法延时,或任务模式反应时间为

$$2\times(傅里叶变换的长度-滤波器长度+1) \qquad (3-4)$$

感兴趣的读者可以在图 3-17 的 Simulink 模型的基础上,通过改变 Simulink 模型的任务模式及数字滤波器匹配滤波输出后的延时量来验证式(3-4)的正确性。

第 4 章 信号的产生

Simulink 既可以建立离散时间信号系统模型,也可以建立连续时间信号系统模型,或者连续和离散混合的系统模型。但是 DSP 系统工具箱中的模块的主要功能是处理离散时间信号。因此对 DSP 系统工具箱中的很多模块来说,尽管它们也具有处理连续时间信号的能力,但它们的缺省参数都是为处理离散时间信号设置的。

4.1 离散时间信号

离散时间信号是与特定时间点对应的一个序列。那些定义了信号值的时间点称为信号的采样时间或样本时间,而与之相应的信号数值则称为信号的样本。一般说来,在样本时间之间的时间点上,离散时间信号是没有定义的。如果一个离散时间信号的任何两个相邻的采样时间之间的间隔是固定的,这样的离散时间信号称为周期采样的信号,而固定或相等的采样时间间隔称为采样周期 T_s。采样率 F_s 是采样周期的倒数,即 $F_s=1/T_s$。

4.1.1 有关时间与频率的技术术语及定义

表 4-1 是在 Simulink 及 DSP 系统工具箱中常用到的有关时间与频率的技术术语及其定义。

表 4-1 有关时间与频率的技术术语及其定义

术 语	符 号	单 位	注 释
采样周期	T_s	s	离散序列中相邻样本间的时间间隔
帧周期	T_f	s	离散序列中相邻两帧信号间的时间间隔
信号周期	T	s	周期信号的周期
采样率或采样频率	F_s	Hz	单位时间的样本数,$F_s=1/T_s$
频率	f	Hz	周期信号单位时间内重复出现的周期数
奈奎斯特率	—	Hz	避免重叠(Aliasing)的最低采样率
奈奎斯特频率	F_{nyq}	Hz	奈奎斯特率的一半
规一化频率	f_n	两周/样本	$f_n=2f/F_s$
角频率	Ω	rad/s	周期信号的角频率 $\Omega=2\pi f$
数字频率	ω	rad/s	采样率规一化后的周期信号频率 $\omega=\Omega/F_s=\pi f_n$

4.1.2 进行离散时间系统仿真时 Simulink 的设置

Simulink 提供了多种系统仿真求解器。这些求解器及其相关参数的选择可以通过仿真参数(Simulation Parameter)对话框中的求解器(Solver)一栏的设定来确定,也可以通过运行一个设置 Simulink 工作环境的 MATLAB 文件来做到。

图 4-1 是一个利用仿真参数对话框选择求解器的例子。在进行离散时间系统仿真时,推荐的 Simulink 求解器的设置由表 4-2 列出。

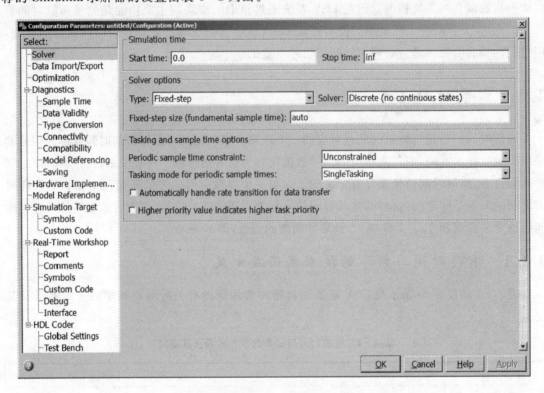

图 4-1 利用仿真参数对话框选择求解器的例子

表 4-2 进行离散时间系统仿真时 Simulink 求解器的设置

Type	Fixed-step discrete(no continuous states)
Fixed step size	auto
Tasking Mode	SingleTasking

DSP 系统工具箱提供了一个 MATLAB 文件,dspstartup.m。利用这个起始文件,可以使上述仿真求解器的设置过程自动化,从而使建立的每个新的系统模型都具有上述的设置。这个 dspstartup.m 文件执行的是下列的一系列命令:

```
set_param(0,...
'SingleTaskRateTransMsg',       'error',...
'multiTaskRateTransMsg',        'error',...
'Solver',                       'fixedstepdiscrete',...
```

```
'SolverMode',           'SingleTasking',...
'StartTime',            '0.0',...
'StopTime',             'inf',...
'FixedStep',            'auto',...
'SaveTime',             'off',...
'SaveOutput',           'off',...
'AlgebraicLoopMsg',     'error',...
'SignalLogging',        'off');
```

使用dspstartup.m的方法有两种：

① 在MATLAB命令行键入dspstartup,运行该MATLAB文件。这样可以使随后建立的系统模型均预先获得设置,但并不影响已经建立的系统模型。

② 在startup.m文件中加入dspstartup。如果希望每次启动Simulink时这些设置均有效,应该采用这种方法。

需要强调的是,在"固定步长,单一任务(Fixed-step SingleTasking)"模式下,所谓的离散时间信号与4.1节开头所定义的离散时间信号有所区别,这样的离散时间信号不仅仅在采样时间点上有定义,在采样时间点之间也有定义。具体地说,在"固定步长,单一任务"这一Simulink求解器模式下,一个离散时间信号的采样时间是指那些信号的数值允许发生变化的时间瞬间点,而不是指信号有定义的时间点。在两个采样点之间,信号取前一采样点的信号值。因此,采用"固定步长,单一任务"模式,Simulink允许进行交叉速率操作,如两个不同采样率的信号的求和运算等。

4.1.3 Simulink的其他设置

一般说来,在进行离散时间系统仿真时,都采用表4-2列出的求解器设置。但是,知道采用其他求解器如何影响离散时间信号也很重要。特别地,应该知道在下列几种设置条件下,离散时间信号的一些重要性质。

- Type:Fixed-step；Mode:MultiTasking
- Type:Variable-step（Simulink的缺省求解器）
- Type:Fixed-step；Mode:Auto

在采用Fixed-step,MultiTasking求解器的设置下,离散时间信号是严格意义上的离散时间信号,即离散信号只在采样点上有定义。因此任何操作如果涉及信号未定义的区域,譬如企图把两个不同采样率的信号相加,Simulink就会给出错误信息。在这种情况下,如果要对两个不同采样率的信号求和,就必须首先将它们转换为具有相同采样率的信号。

如果选用了Variable-step求解器,那么离散时间信号在采样点之间的时间点上是有定义的。这种情况和Fixed-step,SingleTasking的设置情况是相同的,在这种设置下,不同采样率的信号之间可以进行操作。

在采用Fixed-step,Auto求解器的情况下,Simulink会自动选取最适合系统模型的任务模式。一般说来,如果模型本身是单一采样率的,Simulink会选取SingleTasking模式,否则采用MultiTasking模式。如前所述,在采用可变时步(Variable-step)或固定时步(Fixed-step)单一任务(SingleTasking)模式的求解器时,离散时间信号在采样时间点之间是有定义的。

下面就来看一个具有不同采样率的两个离散时间信号之间进行操作的例子。图4-2所示是一个对两个不同采样率的离散信号求和的模型,该模型的求解器的工作模式采用的是固定时步,单一任务模式。快速(采样周期 $T_s=1$)信号的采样时间为 $1,2,3,\cdots$,而慢速信号(采样周期 $T_s=2$)的采样时间为 $1,3,5,\cdots$。模型输出 yout 是一个列数为 3 的矩阵,第一列为快速信号,第二列为慢速信号,第三列是前两列的和。像所期望的那样,慢速信号每两秒钟变化一次,而且信号在变化发生的时间点之间是有确定意义的。Simulink 自动地改变慢速信号的采样率以适应另一个快速信号。一般说来,对于"可变时步(Variable-step)"和"固定时步,单一任务(Fixed-step,SingleTasking)"模式,两个采样点之间离散信号的信号值取该信号在前一采样点的值。

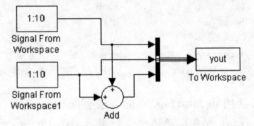

图 4-2 对两个不同采样率的离散信号求和

```
Yout =
     1    1    2
     2    1    3
     3    2    5
     4    2    6
     5    3    8
     6    3    9
     7    4   11
     8    4   12
     9    5   14
    10    5   15
```

图 4-2 所示模型的求解器采用的是离散时间系统仿真的缺省求解器。为了运行该模型,必须把模型参数设置(Configuration Parameters)对话框中诊断(Diagnostics)|采样时间(Sample Time)|单一任务速率过渡(Single task rate transition)栏目下的设置从"出错(error)"改成"无(none)"或"警告(warning)",如图 4-3 所示。

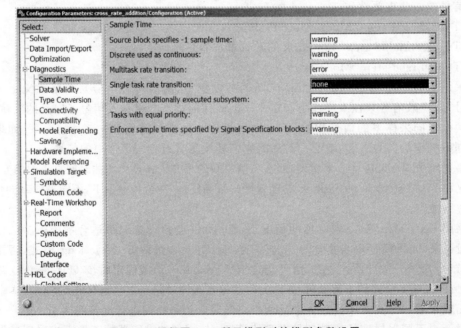

图 4-3 运行图 4-2 所示模型时的模型参数设置

4.2 连续时间信号

数字信号处理系统(模型)中的大多数信号都是离散时间信号,DSP 系统工具箱中的所有模块都能接受离散时间信号作为其输入,同时也有许多模块能处理连续时间信号。类似地,大多数 DSP 系统工具箱中的模块产生(输出)离散时间信号,但是有些则也能产生(输出)连续时间信号。

一个模块的采样行为特征决定了它能连接到什么样的模块上。可以把所有模块分成两大类,一类是源模块,另一类是非源模块。

源模块是系统模型中产生或输出信号的模块。大多数这样的源模块包含在 DSP 系统工具箱中的源模块库中。源模块又分成连续时间源模块和离散时间源模块。当用户将连续时间源模块连接到离散时间模块时,需要插入一个零阶保持器模块以将连续时间信号离散化,如图 4-4 所示。

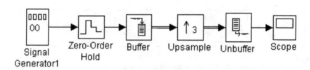

图 4-4 利用零阶保持器模块将连续时间信号离散化

离散时间源模块(如 Signal From Workspace 模块)中的样本时间参数必须为非零值,否则 Simulink 就会提示出错。

DSP 系统工具箱中的非源模块接受离散时间输入信号并传承输入信号的采样频率。有些非源模块也能接受连续时间信号,在这种情况下,连续时间输入信号产生连续时间的输出信号,而离散时间的输入信号则产生离散时间的输出信号。如"复指数(Complex Exponential)"和"dB(增益)"模块就是这样的既能接受连续时间信号也能接受离散时间信号的模块。

4.3 信号的产生

Simulink 基本模块库和 DSP 系统工具箱提供了各种各样的产生信号的方法及其相应的模块。了解并应用恰当的模块产生信号处理系统所需要的信号是成功地建立信号处理系统模型并进行有效系统仿真的第一步,也是关键的一步。

4.3.1 用常数模块产生信号

常数信号指的是前后信号样本相同的样本信号或者是前后帧完全一样的帧信号。下面给出的模块可以用来产生常数样本信号或常数帧信号:

- 常数对角矩阵(Constant Diagonal Matrix)。
- 常数模块。
- 常数矩阵 I。

值得注意的是,有些模块,如常数模块,既出现在 DSP 系统工具箱中的信号处理源模块库中,也出现在 Simulink 的源模块集中。这些模块有些产生连续时间信号,有些则产生离散时间信号。但一般说来,Simulink 源模块集中的模块在其缺省设置下产生连续时间信号,而 DSP 系统工具箱的信号处理源模块库的模块在缺省设置下则产生离散时间信号。

下面是一个用 DSP 系统工具箱信号处理源模块库中的常数模块产生信号的例子。在这个例子(模型)中,模块参数中的样本时间(Sample time)均设为1。

图 4-5(a)中,模块参数中基于帧的输出(Frame-based output)框未选,所以产生的是 8 个通道的常数样本信号。图 4-5(b)中选择了基于帧的输出,因此产生的是一个 3 通道的常数帧信号。图 4-5(c)是选取"1-D 向量"的情况。这意味着常数信号的输出不是矩阵,而是向量。

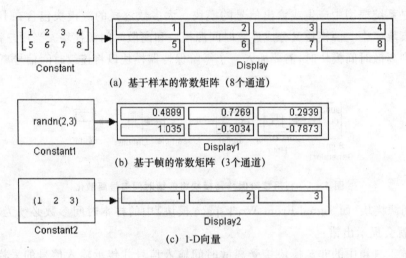

图 4-5 用常数模块产生信号

在数学上,1-D 向量可以解释为列数为 1 的矩阵。但在 Simulink 中,1-D 向量具有特殊含义。一个 1-D 向量必须是样本信号,因此如果"Interpret vector parameters as 1-D"被选择的话,"Sampling mode"的设置不再起作用。

4.3.2 用信号发生器模块产生信号

Simulink 的源模块集和 DSP 系统工具箱信号处理源模块库提供了产生常用样本信号和帧信号的模块,它们是线性变频信号(chirp)、计数器信号(counter)、离散脉冲信号、多相位时钟信号、连续和离散正弦波信号。

下面来看一个产生常用的正弦波信号的例子。假设要用 DSP 系统工具箱信号处理源模块库中的正弦波模块产生一个含有 3 个正弦波的帧信号,每帧的样本数为 100。因为 3 个正弦波是互相独立的,它们实际上也就是 3 个不同通道的信号。正弦波(sine wave)模块有如下一些参数:

- 幅度(Amplitude)。
- 频率(Frequency)。
- 采样时间(Sample time)。
- 每帧的样本数(Samples per frame)。

假设 3 个正弦波的频率分别为 100 Hz、300 Hz 和 500 Hz,那么所需要的最低采样率为 1 000 Hz。可将采样时间设置为 1/2 000,即采样率等于最低采样率的 2 倍。其他参数的设置为

```
幅度:[1  4  3]
频率:[100  300  500]
每帧的样本数:100
```

在这样的参数设置下,正弦波(sine wave)模块将不断地(由给定的采样速率决定)输出 100×3 的数据矩阵,每列包含着一个正弦波的样本。可以用一个矩阵求和模块将 3 个通道(3 个正弦波)的信号加起来并将其和信号波形显示在一个示波器上。图 4-6 所示是实现上述目的的 Simulink 模型。注意,矩阵求和(Matrix Sum)模块的求和方向(Sum over)参数被设置为 2,即按行求和。图 4-7 所示是 3 个正弦波的和信号波形。

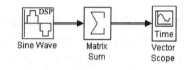

图 4-6 产生 3 个正弦波并对其求和的 Simulink 模型(Create_sinewaves_example.mdl)

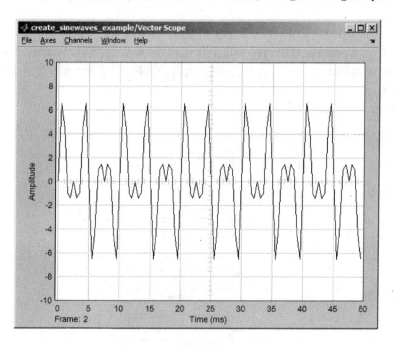

图 4-7 3 个正弦波的和信号波形

4.3.3 用来自工作区信号模块产生信号

除了用 Simulink 提供的"信号生成"模块产生信号外,也可以在工作区(通常指的是 MATLAB 工作区)内产生所需要的信号或赋有需要值的变量,然后将它们引入 Simulink 模型。DSP 系统工具箱中完成这一任务的模块是"来自工作区信号(Signal From Workspace)"模块,下面用两个例子介绍如何用"来自工作区信号"模块分别将工作区的样本信号和帧信号引入 Simulink 模型。

例 4.1 用"来自工作区信号"模块引入样本信号。假如在 MATLAB 工作区有 4 个独立的信号序列,即 4 个独立通道信号,其序列的取值如表 4-3 所列。

表 4-3 4 个独立的信号序列的取值

时间 通道	$t=0$	$t=1$	$t=2$	$t=3$	$t=4$
通道 1	1	1	-2	3	0
通道 2	2	-1	2	-3	0
通道 3	3	1	-2	3	0
通道 4	4	-1	2	-3	0

根据 4.2 节的讨论,具有 4 个通道的样本信号在 Simulink 中可用一个 2×2 的矩阵表示,因此可以将上表中的信号组合成一个 4 通道的 2×2 的矩阵序列,即

$$\begin{bmatrix}1 & 2\\3 & 4\end{bmatrix}\begin{bmatrix}1 & -1\\1 & -1\end{bmatrix}\begin{bmatrix}-2 & 2\\-2 & 2\end{bmatrix}\begin{bmatrix}3 & -3\\3 & -3\end{bmatrix}\begin{bmatrix}0 & 0\\0 & 0\end{bmatrix}\cdots$$

然后令

$$s=\mathrm{cat}(3,[1\ 2;3\ 4],[2\ 2;2\ 2],[3\ 3;3\ 3],[0\ 0;0\ 0])$$

那么在图 4-8 所示的模型中,将"来自工作区信号"模块的"信号(signal)"参数设为 s,就达到了将 4 个通道的样本信号 s 引入 Simulink 的目的。图 4-8 中"来自工作区信号"模块的其他参数设置为

样本时间(Sample time):1

每帧样本数(Samples per frame):1

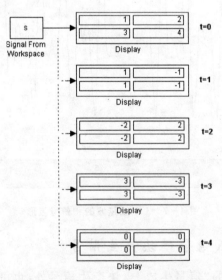

图 4-8 用来自工作区信号模块产生多通道的样本信号

例 4.2 用"来自工作区信号"模块引入帧信号。如果工作区中有两个独立的通道信号,其采样时间为 1 s,头 10 个采样点的数值为

通道1:0,1,2,3,4,5,6,7,8,9,…
通道2:0,−1,−2,−3,−4,−5,−6,−7,−8,−9,…

可以在工作区中形成一个10×2的数据矩阵 u

$$u = \begin{bmatrix} 0 & 0 \\ 1 & -1 \\ 2 & -2 \\ 3 & -3 \\ 4 & -4 \\ 5 & -5 \\ 6 & -6 \\ 7 & -7 \\ 8 & -8 \\ 9 & -9 \end{bmatrix}$$

在图4-9所示的模型中,将"来自工作区信号"模块的"信号(signal)"参数规定为 u,上述的帧信号即被输入 Simulink 模型。在"每帧样本数"为3的情况下,在不同时间点获得的帧信号显示在图4-9中。

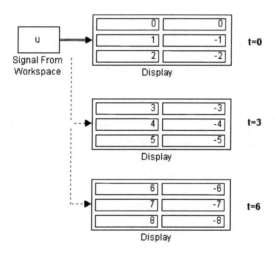

图4-9 用"来自工作区信号"模块产生帧信号

4.3.4 随机信号的产生

DSP 系统工具箱信号处理模块库中的"随机源信号(Random Source)"模块可以用来产生随机信号。该模块既可以产生均匀分布的离散时间样本,也可以产生高斯或正态分布的离散时间样本。

当随机信号源类型这一模块参数选为均匀分布时,必须同时规定均匀分布的最小值与最大值。当规定的最小值或最大值不是一个标量而是一个长度为 N 的向量时,模块将产生 N 个通道的均匀分布的随机数。当随机信号源类型选为正态分布时,必须同时选择产生正态分布的方法。有两种方法可供选择。一种叫做 Ziggurat 法,这种产生正态分布的随机数的方法与 MATLAB 中 randn 函数采用的方法相同。另一种方法叫均匀分布数求和法(Sum of uniform values），这种方法根据中央极限定理（Central Limit Theorem），通过对一定数量的均匀分布的随机数求和并经过适当地比例调整后产生正态分布的随机数。

利用"随机源信号"模块可以产生实数的或复数的随机信号。

第 5 章 信号的滤波

滤波是信号处理最重要的手段和操作之一。DSP 系统工具箱滤波模块库为建立信号处理系统模型,设计和实现各类滤波器提供了一系列的滤波器模块。

DSP 系统工具箱滤波模块库由 4 个子模块库组成,如图 5-1 所示,它们是滤波器设计(Filter Designs)子模块库、自适应滤波器(Adaptive Filters)子模块库、滤波器实现(Filter Implementations)子模块库、多速率滤波器(Multirate Filters)子模块库。

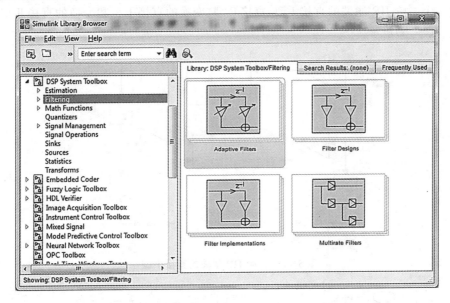

图 5-1 滤波模块库由 4 个子模块库组成

滤波器设计和多速率滤波器子模块库中的模块大多为具有某个特定功能和具有单一目的的数字滤波器或数字滤波器组。一般说来它们都可以利用滤波器设计子模块库中的滤波器设计模块得到。因此在这里只准备详细介绍前两个子模块库,即滤波器实现和自适应滤波器子模块库。

5.1 滤波器结构及滤波器的特征指标

在数学上,一个滤波器可由其系统方程或传输函数来决定,一个一般形式的数字滤波器传输函数为

$$H(z) = \frac{b_0 + b_1 z^{-1} + \cdots + b_m z^{-m}}{1 + a_1 z^{-1} + \cdots + a_n z^{-n}} \tag{5-1}$$

通常 $m \leqslant n$,因此 n 被称为滤波器的阶数。虽然传输函数的分子系数 $b_0, b_1, \cdots, b_m$ 与分母系数 $a_1, a_2, \cdots, a_n$ 给出了一个滤波器的数学描述,它们并没有规定滤波器实现的结构。在实

际系统设计时,滤波器的结构对滤波器的性能影响很大,这是因为表示滤波器传输函数系数的数位长度总是有限的,在进行定点运算时,滤波器系数的字长和量化效应对滤波器的性能的影响与滤波器采用的结构关系密切。

DSP 系统工具箱的滤波器设计工具支持多种常见的数字滤波器结构,如直接Ⅰ型(Direct Form Ⅰ)、直接Ⅱ型(Direct Form Ⅱ)、变换的直接Ⅰ型(Transposed Direct Form Ⅰ)和变换的直接Ⅱ型(Transposed Direct Form Ⅱ)。为了获得较好的数值性能和系统的稳定性,一个高阶的无限长冲激响应(IIR - Infinite Impulse Response)滤波器通常由级连的二阶 IIR 来实现。因此二阶 IIR 滤波器是构成一个任意阶的 IIR 滤波器的核心单元。

令式(5-1)中的 $m=n=2$,可得到如下二阶 IIR 滤波的传输函数:

$$H(Z) = \frac{b_0 + b_1 z^{-1} + b_2 z^{-2}}{1 + a_1 z^{-1} + a_2 z^{-2}} \tag{5-2}$$

这样一个二阶 IIR 滤波的直接Ⅰ型、直接Ⅱ型、变换的直接Ⅰ型和变换的直接Ⅱ型结构如图(5-2)~(5-5)所示。

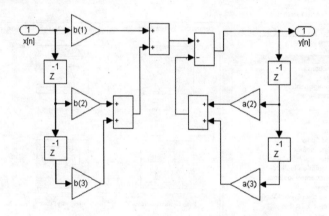

图 5-2 二阶 IIR 滤波的直接Ⅰ型

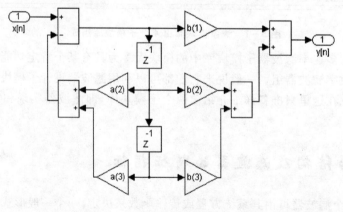

图 5-3 二阶 IIR 滤波的直接Ⅱ型

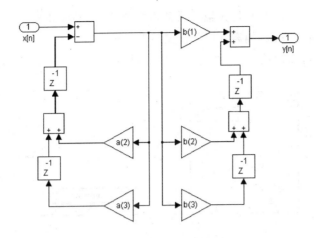

图 5-4 变换的直接 I 型

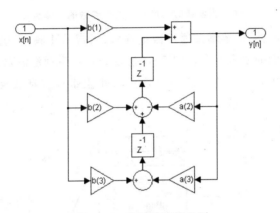

图 5-5 变换的直接 II 型

滤波器的设计过程是一个确定滤波器系数以求以某种最优化的方式达到最接近于预定的滤波器的特征指标的过程。

一个数字滤波器的特征指标可以用 3 种方法来规定：
- 规定滤波器的冲激响应，$h[n]$。
- 规定滤波器的零点与极点，$P_i, i=1,\cdots,m; Z_j, j=1,\cdots,n$。
- 规定滤波器的频率响应或频响特征。

在工程实际中，最直接、最常用的是通过规定一个滤波器的频率响应来给出滤波器的设计指标。除了给出所需滤波器的频率响应外，一个很重要的与最终实现的滤波器的性能紧密有关的参数是滤波器的阶数。在用 DSP 系统工具箱提供的滤波器设计模块进行滤波器设计时，可以预先规定设计的滤波器的阶数，也可以由滤波器设计软件来确定最经济的满足给定的设计指标的滤波器的阶数。

对于常见的滤波器的响应类型，如低通滤波器、高通滤波器等，滤波器的幅度频率响应可以用以下的 4 个参数来表示：

Fpass——规一化的通带截止频率；
Fstop——规一化的阻带截止频率；

Apass——通带幅度波动：与最大幅度增益值的差的分贝值(dB)；

Astop——阻带幅度衰减：偏离 0 增益的最大分贝值(dB)。

它们的物理意义可以由图 5-6 得到进一步的说明。

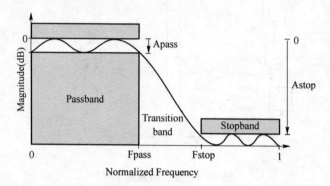

图 5-6　滤波器的幅度频率响应参数的物理意义

对于带通及带阻滤波器，需要增加通带截止频率、阻带截止频率、阻带幅度衰减及通带幅度波动的个数来描述它们的幅度响应。图 5-7 所示是规定带通滤波器幅度频率响应的例子。这里采用了 2 个通带截止频率，2 个阻带截止频率，2 个阻带幅度衰减及 1 个通常幅度波动共 7 个参数。

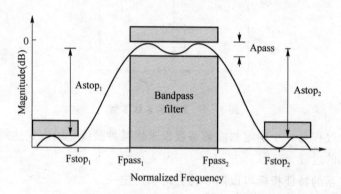

图 5-7　带通与带阻滤波器特有的幅度频率响应的参数

5.2　滤波器实现子模块库

滤波器实现子模块库共有 10 个模块，如图 5-8 所示。其中模拟滤波器设计（Analog Filter Design）模块、数字滤波器设计（Digital Filter Design）模块和滤波器实现"魔块"（Filter Realization Wizard）可以被认为是滤波器的设计和实现模块。而其余的 7 个模块则仅仅是滤波器的实现模块。也就是说，在使用这 7 个模块前，所需要的滤波器已经被设计好了。可以把设计好的滤波器的系数或者事前考虑成熟的滤波器的设计算法和设计参数作为模块参数交给这些模块。

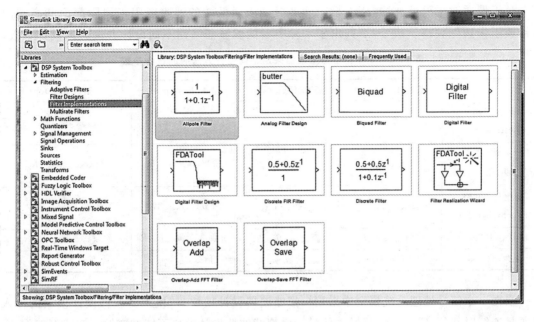

图 5-8 滤波器实现子模块库

5.2.1 模拟滤波器的设计

模拟滤波器设计模块用来设计和实现巴特渥兹(Butterworth)、切比契夫Ⅰ型(ChebyshevⅠ)、切比契夫Ⅱ型(ChebyshevⅡ)和椭圆型(Elliptic)的模拟低通、高通、带通和带阻滤波器。滤波器的设计方法以及与之相应的滤波器幅度频率响应的特征归纳在表5-1中。

表 5-1 模拟滤波器的设计方法以及与之相应的滤波器幅度频率响应的特征

滤波器设计方法	幅度频率响应特征
巴特渥兹(Butterworth)	单调的幅度频率响应,通带最平坦
切比契夫Ⅰ型(ChebyshevⅠ)	通带内等起伏,阻带内单调
切比契夫Ⅱ型(ChebyshevⅡ)	通带内单调,阻带内等起伏
椭圆型(Elliptic)	通带及阻带内均为等起伏

模拟滤波器的设计参数包括:
- ω_p——通带边际角频率(rad/s)。
- ω_s——阻带边际角频率(rad/s)。
- R_p——通带起伏大小(dB)。
- R_s——阻带幅度衰减(dB)。

对于带通或带阻滤波器,用下标 1 和 2 分别表示低端的通带或阻带边际频率和高端的通带或阻带边际频率。表 5-2 列出了 4 种类型的滤波器采用不同设计方法时的设计参数。

表 5-2 4 种类型的滤波器采用不同设计方法时的设计参数

	低通(Low pass)	高通(High pass)	带通(Band pass)	带阻(Band stop)
巴特渥兹(Butterworth)	阶数、ω_p	阶数、ω_p	阶数、ω_{p_1}、ω_{p_2}	阶数、ω_{p_1}、ω_{p_2}
切比契夫Ⅰ型(ChebyshevⅠ)	阶数、ω_p、R_p	阶数、ω_p、R_p	阶数、ω_{p_1}、ω_{p_2}、R_p	阶数、ω_{p_1}、ω_{p_2}、R_p
切比契夫Ⅱ型(ChebyshevⅡ)	阶数、ω_s、R_s	阶数、ω_s、R_s	阶数、ω_{s_1}、ω_{s_2}、R_s	阶数、ω_{s_1}、ω_{s_2}、R_s
椭圆型(Elliptic)	阶数、ω_p、R_p、R_s	阶数、ω_p、R_p、R_s	阶数、ω_{p_1}、ω_{p_2}、R_s、R_p	阶数、ω_{p_1}、ω_{p_2}、R_s、R_p
贝塞尔型(Bessel)	阶数、ω_p	阶数、ω_p	阶数、ω_{p_1}、ω_{p_2}	阶数、ω_{p_1}、ω_{p_2}

当在一个信号处理系统模型中采用模拟滤波器设计模块时,模拟滤波器设计模块的输入必须是连续时间的、实数的标量样本信号。模拟滤波器设计模块不能在离散求解器下工作,因此对于含有模拟滤波器设计模块的系统模型,求解器要选用连续时间类的,如 ode4 等。

使用模拟滤波器设计模块时另一个要注意的是模拟滤波器设计模块并不给出构成模拟滤波器的电阻、电路、电容的连接方式以及它们的数值,而是给出相应的系统传输函数。模拟滤波器设计模块采用状态空间(State-space)的表示方法来描述系统的传输函数。可以这样做是因为一个滤波器的传输函数 H(s)与该滤波器的状态空间表示是一一对应的。MATLAB 提供了系统的传输函数与其状态空间表示进行相互转换的函数,它们分别是 tf2ss.m 和 ss2tf.m。

5.2.2 数字滤波器的设计

数字滤波器的设计和实现可以用数字滤波器设计(Digital Filter Design)模块或者滤波器的实现"魔块"(Filter Realization Wizard)来进行。这两个模块有许多相似的功能,但又各有特色。

相似的功能:

- 滤波器设计与分析:这两个模块都采用 MATLAB 滤波器设计与分析工具(FDA Tool)的图形用户接口进行滤波器的分析与设计。
- 模块输出结果:在采用双精度的前提下,两个模块给出相同的输出结果,这一结果在数值上与滤波器设计工具箱及信号处理工具箱(Signal Processing Toolbox)中的 filter 函数的输出结果相一致。

不同之处:

- 支持的数据类型:数字滤波器设计模块支持单精度和双精度的浮点运算;滤波器实现"魔块"除支持单、双精度的浮点运算外还支持定点运算。
- 滤波器实现方法:数字滤波器设计模块采用了高效的滤波器实现方法,对速度及存储单元的使用进行了优化,适合于计算机仿真和 C 代码生成;滤波器实现"魔块"可以用

DSP系统工具箱中的求和、增益、单位延迟等模块来实现滤波器，适合于对在数字信号处理器(DSP)，可编程门阵列(FPGA)或者集成电路(ASIC)中实现的滤波器的性能进行数值仿真。
- 支持的滤波器结构：滤波器实现"魔块"比数字滤波器设计模块支持更多的滤波器结构。
- 多通道滤波：数字滤波器设计模块可以接受多通道信号，而滤波器实现"魔块"只能对单通道信号进行滤波。

5.2.3 使用离散傅里叶变换进行数字滤波

众所周知，计算一个有限长序列的离散傅里叶变换有许多快速有效的算法，这些算法统称为快速傅里叶变换。另一方面，对一个信号进行滤波的过程实际上是对该信号与滤波器的冲激响应进行线性卷积运算的过程。从傅里叶变换理论可知，两个离散序列的线性卷积可以通过对两个离散序列的傅里叶变换的积进行离散傅里叶反变换来得到。因此快速傅里叶变换为实现信号的滤波提供了一个快速、有效的途径。

在DSP系统工具箱的滤波器设计子模块库中有两个这样的模块，分别称为重叠—相加快速傅里叶变换滤波器(Overlap-add FFT Filter)模块和重叠—保存快速傅里叶变换(Overlap-save FFT Filter)模块，它们采用离散傅里叶变换的方法实现对信号的数字滤波。

下面举一个用重叠—相加快速傅里叶变换滤波器模块进行信号滤波、建立系统模型的例子。假设有一正弦波信号混入了宽带噪声，一个简单和直接的获得较为纯净的正弦信号的方法就是对混入了噪声的正弦信号进行低通滤波。这样的一个简单的信号处理系统可以由图5-9所示的Simulink系统模型来描述。

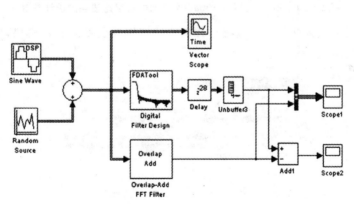

Filtering_USE_FFT_frame.mdl

图5-9 用快速傅里叶变换实现数字滤波

在这一系统模型中，要滤波的是一个正弦波与噪声的和信号。正弦信号的频率为100 Hz，它的采样率为4 000 Hz。可用两种方法对混入了噪声的正弦信号进行低通滤波。一种直接的方法就是采用滤波器设计子模块库中的数字滤波器设计模块，这一模块的参数设置如图5-10所示，低通滤波器的设计采用了凯瑟窗口法(Kaiser)，其通带截止频率为100 Hz，阻带截止频率为300 Hz，通带内的幅度起伏为1 dB，而阻带的幅度衰减为79.5 dB。由此得到的是一个阶数为100，即冲激响应长度为101的FIR低通滤波器。把这样的一个低通滤波器的冲激响应，即滤波器的系数用变量h_LPFIR_FFT_e表示并存在一个名为filter_use_FFT_e_ data 的 MATLAB 数据文件(MAT-文件)中。

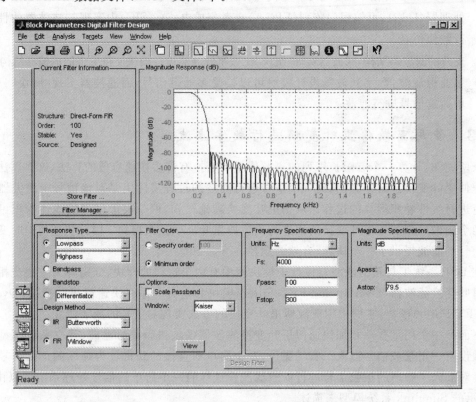

图 5-10　图 5-9 所示 Simulink 模型中数字滤波器的设计参数

另一种滤波的实现方法是采用重叠—相加快速傅里叶变换滤波器模块,这一模块的参数设置如图 5-11 所示。

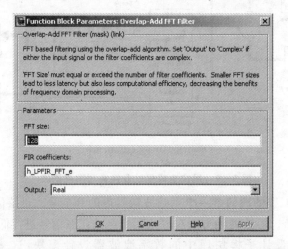

图 5-11　图 5-9 所示 Simulink 模型中 Overlap-Add FFT Filter 模块的参数设置

这里 FFT 的长度设为 128，应该注意到，在采用重叠-相加或重叠-保存快速傅里叶变换滤波器模块时，FFT 的长度必须大于滤波器（冲激响应）的长度。FIR 滤波器系数采用的是图 5-9 中得到的滤波器系数变量，因此这两种滤波器的输出应该是一样的。

图 5-12 给出了这一系统模型的运行结果。图 5-12(a)所示是混入了噪声后的正弦信号，图 5-12(b)所示是两种滤波器的输出信号，两个波形完全相同，重叠在一起。图 5-12 所示的 Simulink 模型中还给出了两种滤波器的输出的差信号，感兴趣的读者可以自行观察。

应该特别注意到，采用重叠-相加快速傅里叶变换滤波器模块时，与数字滤波器设计模块相比，有一个额外的长度为 28 个样本的延时量。

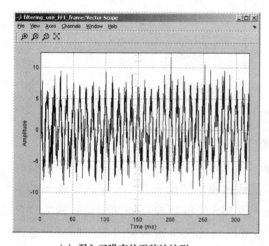
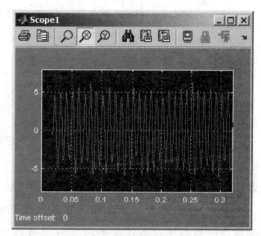

(a) 混入了噪声的正弦波波形　　　　　　(b) 两种滤波的输出波形

图 5-12　图 5-9 所示 Simulink 模型的输出波形

5.3 自适应滤波器的实现

自适应滤波器是一种特殊类型的滤波器。自适应滤波器设计子模块库提供了几种采用常用的自适应算法的自适应滤波器模块。在使用这些模块时，必须根据实际需要和应用情形，给选用的模块接入合适的输入信号并获得需要的自适应滤波的输出。模块的输入及输出端口的增加或减少可以通过自适应滤波器模块的参数设定来决定。

自适应滤波的工作原理可以用图 5-13 来描述。一般说来，一个自适应滤波器有两个输入：一个为输入信号 $x[n]$。输入信号经过某个未知的线性系统 $h[n]$ 后，通常会与某个信号 $v[n]$ 合成后作为自适应滤波器的另一个输入。这后一个输入信号通常称为期望信号，用 $d[n]$ 表示。自适应滤波器的两个常见的输出信号分别为估计输出 $y[n]$ 和误差信号 $\varepsilon(n)$。自适应滤波器工作时，在某个起始值条件下对系统冲激响应 $h[n]$ 的估计值采用选定的自适应算法不断地进行更新。更新的目标是为了不断地减小估计信号输出 $y[n]$ 与期望信号 $d[n]$ 的均方误差。输入信号、期望信号、估计输出与误差信号的物理含义随自适应滤波器的应用场合的变化而变化。例如，在一个语音信号的噪声自相消系统中，输入信号 $x[n]$ 是语音信号的噪声源；$v[n]$ 为无噪声的语音信号；$h[n]$ 是噪声源至语音信号源的传输函数；自适应噪声相消系统的目标就是通过某种选定的自适应算法不断地更新 $h[n]$ 以期获得较为准确的噪声传输系统的传递函数,从而使得误差信号 $\varepsilon[n]$ 尽可能与无噪声的语音信号 $v[n]$ 相接近。

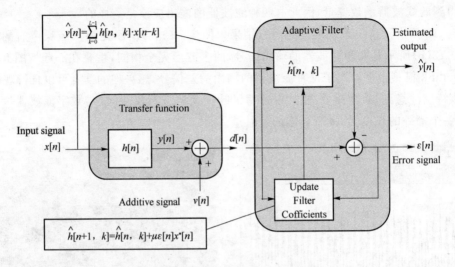

图 5-13 自适应滤波的工作原理图

图 5-14 所示是一个采用最小均方误差(LMS,Least Mean Square)自适应算法进行时间延迟估计的信号处理系统模型。模型中的 LMS 滤波器模块的输入是一个混入了噪声的正弦波;这一信号在经过了一个未知的延时系统后成为 LMS 滤波器模块的期望信号输入。自适应滤波器的目的是要通过对未知延时系统传递函数的估计获得输入信号的时间延迟量的估计。由于时间延迟估计量信息包含在估计的系统冲激响应 $h[n]$ 中,因此在设定 LMS 滤波器模块参数时,必须选择"Output Filter Weights",如图 5-15 所示。

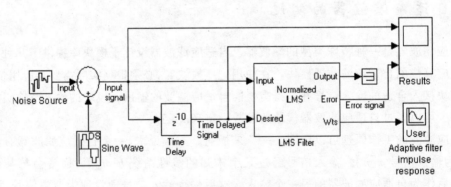

图 5-14 采用自适应滤波的时延估计系统模型

图 5-16(a)所示是与时间延迟估计系统模型有关的信号的波形,图 5-16(b)所示是 LMS 滤波器收敛后获得的延时系统冲激响应的估计。因为延时系统的冲激响应为一个出现在第 10 个样本处的单一脉冲,据此可以推断,待估计的时间延迟为 10 个样本的时间间隔。

图 5 – 15 LMS 自适应滤波器模块的参数设定

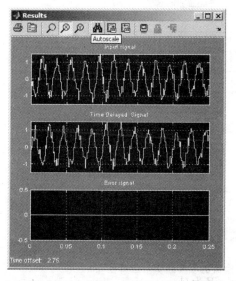
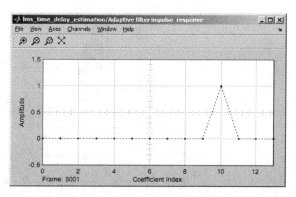

(a) 自适应滤波器的输入，延时后的信号，误差信号　　(b) 收敛后的自适应FIR滤波器的冲击响应

图 5 – 16 自适应滤波器的波形

5.4 多采样率滤波器的设计实例

在这一小节里,将设计一个无线通信系统中常用的数字下转换器(DDC,Digital Down Converter)滤波器。通过这一设计实例,介绍用滤波器设计子模块库中的滤波器设计工具进行多级、多采样率并采用定点算法的数字滤波器设计的方法和过程。

DDC 在现代通信系统中起着极为重要的作用,它通常处于接收系统的模数转换器(Analog-to-Digital Converter)与数字解调器之间,如图 5-17 所示,实现对接收信号进行数字混频、降低采样速率、低通滤波并进行接收器增益调整的功能。通常进入 DDC 的信号的采样率在 50~100 MHz(msps)之间而其输出的信号采样率一般为几百 kHz。

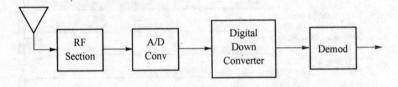

图 5-17 数字下转换器在无线接收链中的位置

本节要设计的是一个用于 GSM(Global System for Mobile Communications)无线通信系统的 DDC 滤波器。其输入信号的采样率为 69.333 MHz,输出信号的采样率为 270.832 kHz。GSM DDC 必须具有如图 5-18 所示的幅度频率响应特性,以满足系统对带外信号衰减抑制的要求。GSM 还对 DDC 低通带内的增益起伏性能作了规定,如图 5-19 所示。

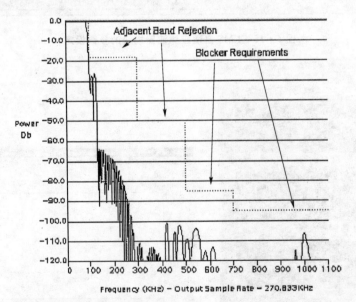

图 5-18 用于 GSM 系统的数字下转换器的幅度频率响应特性

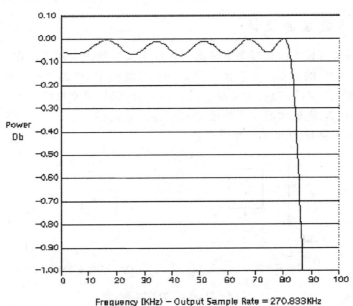

图 5-19 数字下转换器对通带内增益起伏的要求

关于 GSM DDC 的设计规范集中地列在表 5-3 中。为了满足这些设计要求,决定采用如图 5-20 所示的滤波器结构。这样的 DDC 滤波器将由三级滤波组成。第一级为用于降低信号采样率的级连的积分器——梳状滤波器(CIC,Cascaded Integrator-Comb);第二级为补偿 FIR 滤波器,用以补偿因 CIC 造成的滤波器通带内,接近低通转折频率处的幅度衰减;第三级为编程可调 FIR 滤波器。这最后一级编程可调 FIR 滤波器用来对 DDC 滤波器的总的通带增益和采样率作最后调整。

表 5-3 GSM DDC 滤波器技术规范

输入信号采样率	69.333 MHz
输出信号采样率	270.832 kHz
总的采样率下降比例	256
滤波器带宽	80 kHz
通带内幅度响应的起伏变化量	0.1 dB peak-to-peak
阻带衰减	18 dB at 100 kHz

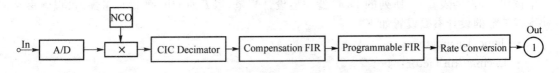

图 5-20 数字下转换器的组成

下面介绍如何用滤波器实现"魔块"来分别设计 CIC、补偿 FIR 滤波器和编程可调 FIR 滤波器,并介绍如何用 Simulink 提供的工具对单级及多级组合的滤波器的性能进行分析。

5.4.1 CIC 滤波器的设计

CIC 因为可以实现较大的采样率下降比例并且不需要使用乘法器而在 DDC 滤波器设计中得到广泛应用。CIC 的基本单元包括积分器和梳状滤波器,如图 5-21 所示。在图 5-21 (b)所示的梳状滤波器中,M 被称为梳状滤波器的差分延迟,通常取值为 1 或 2。一个 N 级,即由 N 级积分器和 N 级梳状滤波器构成的 CIC 滤波器的结构如图 5-22 所示,在积分器与梳状滤波器之间是下降率为 R 的重新采样器。

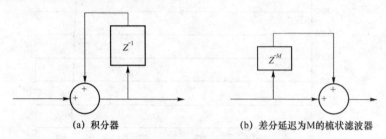

(a) 积分器   (b) 差分延迟为 M 的梳状滤波器

图 5-21 CIC 的基本单元

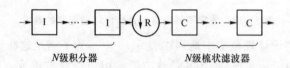

图 5-22 N 级 CIC 滤波器

为了设计 CIC 滤波器,应首先从滤波器设计子模块库中取出滤波器实现"魔块",将其置于一个空白的系统模型中,如图 5-23 所示,单击该模块即得到一个如图 5-24 所示的滤波器设计与分析图形用户接口(FDA GUI)。在这个滤波器设计与分析 GUI 的左下方有 7 个功能按钮,它们从上到下分别为

① 设计多采样率滤波器(Create a multirate filter)。
② 实现滤波器变换(Transform filter)。
③ 设置滤波器量化参数(Set quantization parameters)。
④ 产生 Simulink 模型(Realize model)。
⑤ 编辑零极点(Pole/zero editor)。
⑥ 从工作区引入滤波器(Import filter from workspace)。
⑦ 设计滤波器(Design filters)。

因为 CIC 为多采样率滤波器,故应选择第一个功能按钮:设计多采样率滤波器。按下第一个按钮后,根据表 5-3 所列的 DDC 滤波器设计规范,以及对 CIC 的设计考虑,可以将多采样率滤波器的设计参数设置如下:

- Type:Decimate
- Decimation factor:64
- Sampling frequency:Units= MHz
- Fs=69.333
- 选择 Cascaded Integrator-Comb(CIC)
- Differential Delay:1
- Number of sections:5

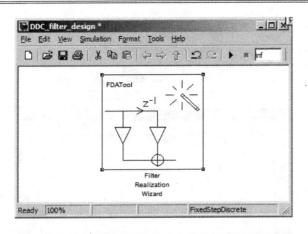

图 5-23　滤波器设计子模块库中的滤波器实现"魔块"

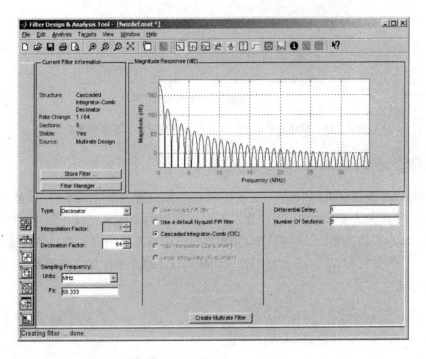

图 5-24　滤波器设计与分析图形用户接口(FDA GUI)

在将以上参数输入滤波器分析与设计 GUI 后,单击"create Multirate Filter"按钮就可以得到所需要的 CIC 滤波器。一般说来,设计完成后,所设计的滤波器的幅度频率响应就会显示在滤波器设计工具的 GUI 中。选择 GUI 上方不同的滤波器响应按钮,可以得到该滤波器的各种响应曲线,如滤波器的幅度频率响应、群延时响应、冲激响应、阶梯响应等。

在完成了 CIC 滤波器设计后,通过贮存滤波器(Store Filter)按钮将所设计的 CIC 滤波器命名为 CIC64 并将其保存在滤波器管理器(Filter Manager)中,如图 5-25(a)所示。在保存了 CIC 滤波器后打开滤波器管理器,就会看到有一个名为 CIC64 的滤波器保存在滤波器管理器中。用户可以随时取出保存在滤波器管理器中的滤波器,分析和观察它们的性能特征,如图 5-25(b)所示。

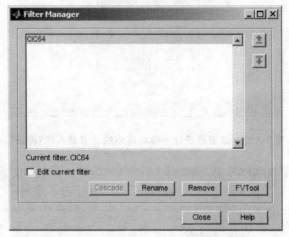

(a) 储存设计完毕的滤波器

(b) 滤波器被保存在滤波器管理器中

图 5-25 设计完毕的 CIC64 滤波器保存在滤波器管理器中

5.4.2 CIC 滤波器的分析与量化

在滤波器设计与分析工具 GUI 中通过观察 CIC 滤波器的幅度频率响应,可发现该 CIC 滤波器呈现一个巨大的通带增益。为了实现 CIC 滤波器的幅度响应归一化,即使得滤波器通带增益为 0 dB,可以将已经设计好的 CIC 滤波器与一个具有适当的常数增益的滤波器级连。要做到这一点,须先在 MATLAB 的命令窗口内输入以下命令来设计一个增益为 $1/(64^5)$ 的常数增益滤波器:

```
>> G = dfilt.scalar;
>> G.Gain = 1/(64^5);
```

单击滤波分析与设计 GUI 左下方的第六个按钮,即从工作区引入滤波器按钮,输入正确的参数,即

```
Filter structure: Filter object
Discrete filter: G
Sampling frequency: Unit Normalized
```

再单击 Import Filter,就在滤波器的分析与设计 GUI 中得到了所需要的固定增益滤波器。接下来将这一滤波器存入滤波器管理器,并将其命名为 G,如图 5-26 所示。

为了观察 CIC 滤波器与上述常数增益滤波器级连后合成的滤波器响应,先打开如图 5-26 所示的滤波器管理器,在按下 Ctrl 键的同时用鼠标选择滤波器 CIC64 和 G,这时 Filter Manager 下方的 Cascade 按钮就会从隐形变为可选,在单击此按钮后,就得到第三个滤波

器,即 CIC 滤波器与常数滤波器的级连,如图 5-27 所示。

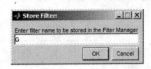

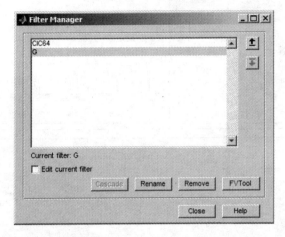

图 5-26　引入所需要的固定增益滤波器并存入滤波器管理器

图 5-27　CIC64 与常数增益滤波器 G 级连形成的滤波器

合成后的滤波器响应可以在滤波器设计与分析工具 GUI 内的窗口中得到,也可以在滤波器设计与分析 GUI 的 View 菜单下选择 Filter Visualization Tool,在滤波器观察工具(FV Tool)窗口内对滤波器的性能进行观察和分析,如图 5-28 所示,Filter Visualization Tool 是 View 菜单下的最后一个选择。不难看出,引入常数增益滤波器后,滤波器的增益实现了归一化,即合成滤波器的增益在直流时为 0 dB。

在 FV Tool 内对合成滤波器的幅度频率响应的横轴和纵轴适当地放大后,可进一步观察到,CIC 滤波器的 Sinc-形幅度响应在 DDC 滤波器的通带边缘,即 80 kHz 处引入了一个幅度约为 0.4 dB 的衰减。这一衰减超出了通带内幅度衰减 0.1 dB 的允许量,因此必须通过后继的 FIR 滤波器进行补偿(见图 5-29)。

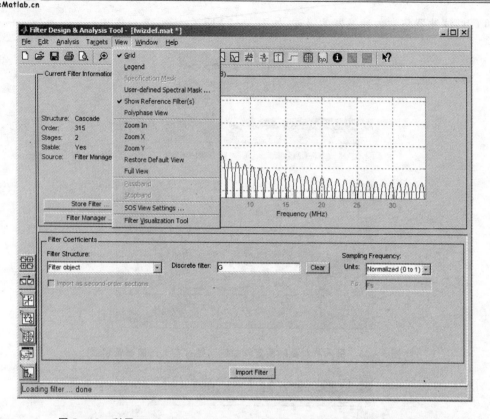

图 5-28 利用 Filter Visualization Tool 观察滤波器的频率响应和其他特征

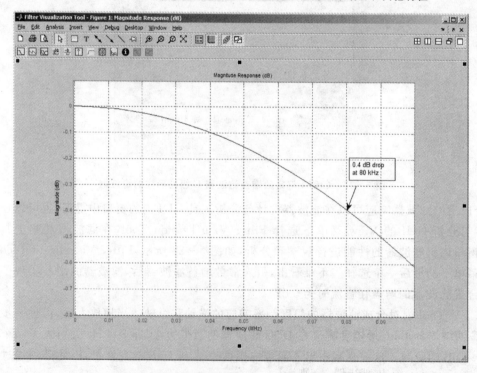

图 5-29 CIC 滤波器的 Sinc-形幅度响应曲线

到目前为止,CIC 滤波器的系数都是用浮点表示的。要得到采用定点算法的数字滤波器必须对滤波器的系数进行量化,并对滤波器的输入输出及内部操作等确定包括字长在内的定点运算规则。要做到这一点,首先须打开滤波器分析与设计工具的滤波器管理器,选择CIC64,使得该滤波器变成当前滤波器,然后单击滤波器设计与分析工具 GUI 左下方的第三个按钮,即设置滤波器量化参数按钮,在这个窗口下输入下列参数:

```
Input/Output:
Input Word Length = 20
Input Fractional Length = 18
Output Word Length = 20
Filter Internal:
Section Word Length = [50 29 24 24 24 24 24 24 24 24]
```

单击"Apply"按钮,并确认在 View 菜单下的选项"Legend"是选中的,那么就会在滤波器响应的视窗内看到滤波器在参数量化前后的两个响应曲线,分别标记为"Reference"和"Quantized",如图 5-30 所示。

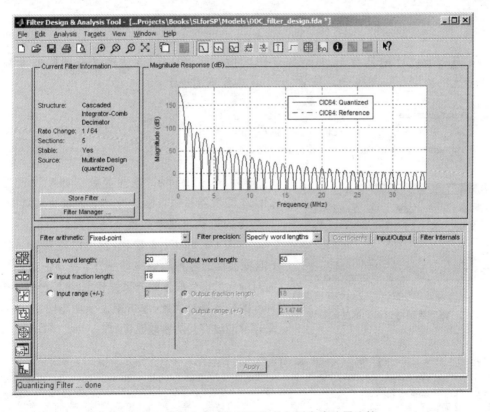

图 5-30 实现定点 CIC 滤波器并与浮点滤波器比较

5.4.3 补偿 FIR 滤波器的设计

前面已经提到,CIC 滤波器在 DDC 滤波器的通带边缘,即 80 kHz 处引入了约 0.4 dB 的衰减。这一衰减必须得到补偿,否则 DDC 滤波器的通带增益指标就不能得到满足。由于

0.4 dB的通带衰减是由 CIC 滤波器的 Sinc-形幅度响应引起的，因此可以设计一种特殊的补偿 FIR 滤波器，并期望在将这一补偿 FIR 滤波器与前面设计的 CIC64 滤波器级连后，其合成滤波器的幅度响应在通带内将变得平坦起来，从而满足用户对 DDC 滤波器通带幅度响应的要求。这一特殊的 FIR 滤波器除了用于补偿由 CIC64 滤波器造成的通带衰减，还要帮助进一步地降低数据的采样率。为此单击滤波器设计与分析工具 GUI 的最下面的功能按钮，即"设计滤波器(Design Filters)"按钮，将要设计的特殊 FIR 滤波器的设计参数规定如下：

```
Response Type: Inverse Sinc Lowpass
Design Method: Constrained Equiripple
Filter Order: Specify Order = 20
Frequency Specifications:
        Units = Hz
        Fs = 1.0833e6
        Specify = pass baud edge
        Fpass = 80e3
Magnitude Specifications:
        Units = dB
        Apass = 0.1
        Astop = 40
```

为了使得所设计的具有 Inverse Sinc-形响应特征的 FIR 滤波器能恰到好处地补偿由 CIC64 造成的幅度衰减，需要在 More Options 内作下述规定：

```
Set Additioned Parameters
    The value of c in the equation 1/sinc(c*f)^p = 0.5
    The value of p in the equation 1/sinc(c*f)^p = 5
```

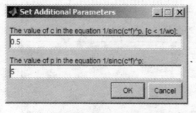

图 5-31 额外的参数设置使 CIC64 造成的幅度衰减得到恰到好处的补偿

如图 5-31 所示，这些参数作如此设置是因为 CIC64 滤波器是由 5 级积分器—梳状滤波器构成，并且选定的梳状滤波器的差分延迟参数为 1。

单击 Design Filter 按钮，就可以得到这一特殊的 FIR 滤波器的各种响应特征。为了使该 FIR 滤波器同时对输入的信号样本降低采样频率，需要产生一个多采样率的滤波器。为此，单击第一个功能按钮，并将与多采样率滤波有关的参数设置如下：

```
Type: Decimator,    选择 Use current FIR filter
Decimation Factor = 2
Sampling Frequency:
        Units = MHz
        Fs = 1.0833
```

单击"Create Multirate Filter"按钮即完成了这一特殊 FIR 滤波的设计。

5.4.4 补偿 FIR 滤波器的量化与分析

补偿 FIR 滤波器的量化参数可设置如下：

```
Filter Arithmetic = Fixed-point
Filter Precision = Full
CoeffIcients:Numerator Word Length = 16
            Numerator Fractional Length = 16
Input/output:Input word length = 20
            Input fractional length = 12
```

因为滤波器的精度(Filter Precision)设置成全精度(Full),就不需要再对滤波器的内部操作(Filter Internals)作任何规定。由此得到的补偿 FIR 滤波器的幅度响应如图 5-32 所示,在给定的量化参数下,补偿 FIR 滤波器的浮点幅度响应与定点幅度响应差别很小,在图中很难区分。

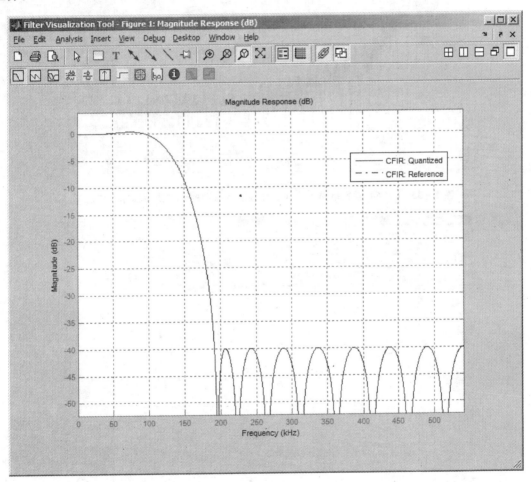

图 5-32 补偿 FIR 滤波器的幅度频率响应

把这一特殊的 FIR 滤波器命名为 CFIR 并存入滤波器管理器。为了观察该补偿 FIR 滤波器的幅度响应的"补偿"效果,在滤波器管理器内将 CIC64、常数增益 G 与 CFIR 级连起来,如此得到的合成滤波器幅度响应如图 5-33 所示。在对图 5-33 所示的滤波器幅度响应作进一步放大后,可看到合成滤波器的幅度响应在通带内的波动不超过 0.05 dB,满足设计要求,如图 5-34 所示。

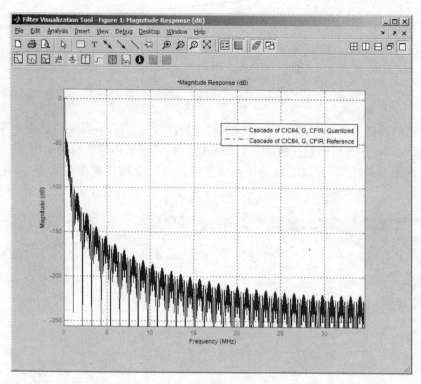

图 5-33　CIC64、常数增益 G 与 CFIR 级连后得到的合成滤波器幅度响应

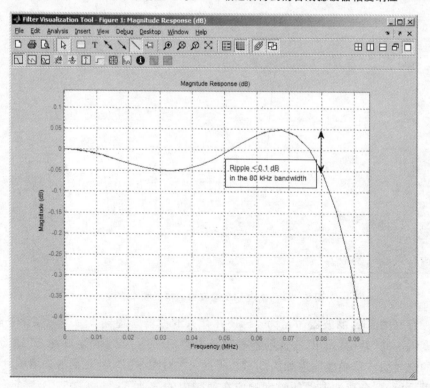

图 5-34　合成滤波器的幅度响应局部放大

5.4.5 编程可调 FIR 滤波器的设计

编程可调 FIR 滤波器是 DDC 滤波器的最后一级,根据 DDC 滤波器的设计规范,将编程可调 FIR 滤波器的设计参数规定如下:

```
Response Type: Low pass
Design Method: Equiripple
Filter Order: Specify Order = 62
Frequency Specification: Fs = 541666 Hz
                         Fpass = 80e3 HZ
                         Fstop = 100e3 HZ
Magnitude Specifiction: Wpass = 2
                        Wstop = 1
```

滤波器的量化参数设定如下:

```
Filter Arithmetic = Fixcd-point
Filter Precision = Full
Coefficients:Numerator word length = 16
             Numerator fractional length = 16
Input/output:Input word length = 20
Input fractional length = 12
```

与补偿 FIR 滤波器一样,最后一级编程可调 FIR 滤波也是一个多采样率滤波器,它将采样率再下降一半并与 CIC 滤波器、补偿 FIR 滤波器一起使总的采样率下降比例因子达到 256。与其相应的多采样率滤波参数设置为:

```
Type,Decimator,选择 'use current FIR filter';
Decimation Factor = 2
Sampling Frequency:Units = Hz
                   Fs = 541666
```

将编程可调 FIR 滤波器称为 PFIR,在将 PFIR 存入滤波器管理器后,可以将 PFIR 与 CIC64、G、CFIR 级连起来,以得到一个完整的 DDC 滤波器,这样的滤波器的幅度频率响应如图 5-35 所示。不难注意到,DDC 滤波器在 100 kHz 处的衰减大约为 37 dB,大于 18 dB 的设计要求。

通过滤波器设计与分析工具的"产生 Simulink 模型"功能,单击"Realize Model"按钮,就得到一个可用于 Simulink 模型的 DDC 滤波器模块。把这一模块保存在 DDC_filter.mdl 文件里,另外把所有滤波器的设计过程保存在一个名为 DDC_filter_design.fda 的文件中。fda 文件又称为 filter design session 文件,可以调入滤波器设计与分析工具 GUI。

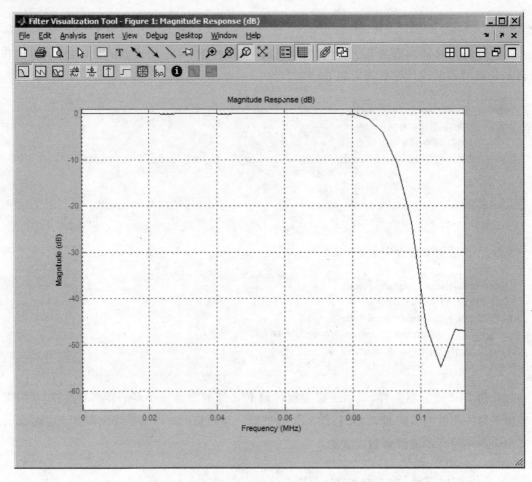

图 5-35　DDC 滤波器幅度频率响应

5.5　用 MATLAB 滤波器工具箱 GUI 进行滤波器设计

　　MATLAB 的滤波器设计工具箱(Filter Design Toolbox)提供了两种滤波器设计的图形用户接口。一个是滤波器设计与分析工具(Filter Design & Analysis Tool)GUI,另一个是滤波器建造者(Filter Builder) GUI。表 5-4 中对这两种 GUI 的功能、适用范围进行了归纳和总结。

表 5-4　MATLAB 的滤波器设计工具箱提供的两种滤波器设计的图形用户接口功能

fdatool		filterbuilder
low-pass, high-pass, band-pass, band-stop	Nyquist raised cosine and etc.	low-pass, Comb, arbitrary response, high-pass, Nyquist, CIC compensator, band-pass,halfband, parametric eq, band-stop, octave, fractional delay, and etc

续表 5-4

fdatool	filterbuilder
Provide fixed point support: double precision, single precision, fixed point (specify word and fraction length)	
Visualization: magnitude response, group delay response, impulse response, pole/zero plot, phase response, phase delay, step response	
Design Methods: IIR: Butterworth, Chebyshev I, II, Elliptic FIR: windows, least squares, equiripples	Design Methods: IIR: Butterworth, Chebyshev I, II, Elliptic FIR: windows, least squares, equiripples, interpolation
Code generation: MATLAB-files HDL code	Code generation: MATLAB-files HDL code C-header file
Target implementation: Simulink model	Target implementation: Simulink model CCS, Xilinx coefficient files

DSP 系统工具箱滤波器设计子模块库中的数字滤波器设计模块与滤波器实现"魔块"采用的基本工具就是 MATLAB 滤波器设计与分析工具 GUI。通过前面章节的介绍，读者应该已经对滤波器设计与分析工具 GUI 有了比较深入的了解。因此在这一小节主要介绍滤波器建造者 GUI。下面将通过一个设计任意响应滤波器的例子向读者演示这一滤波器设计 GUI 的功能。

任意响应（幅度响应）滤波器的设计

欲启动滤波器建造者（Filter Builder）GUI，可以在 MATLAB 的命令窗口内键入如下命令：

```
>> filterbuilder
```

随之就会出现一个如图 5-36 所示的滤波器响应类型选择窗口。

不难看出大多数信号处理与通信系统设计中用到的数字滤波器都可以用这个滤波器设计工具来设计。为了设计一个任意幅度响应的滤波器，选择"Arbitrary Response"，得到如图 5-37 所示的设计窗口。

filterbuilder GUI 的主设计面板

这个设计窗口共有 3 个设计面板：主设计面板（Main）、数据类型（Data Type）和代码生成（Code Generation）。接下来在主面板下对需要设计的滤波器的参数进行设置。如果需要设计的是一个 FIR 滤波器，那么与之有关的可选参数与设置如表 5-5 所列。

图 5-36　filterbuilder 的滤波器响应类型选择窗口

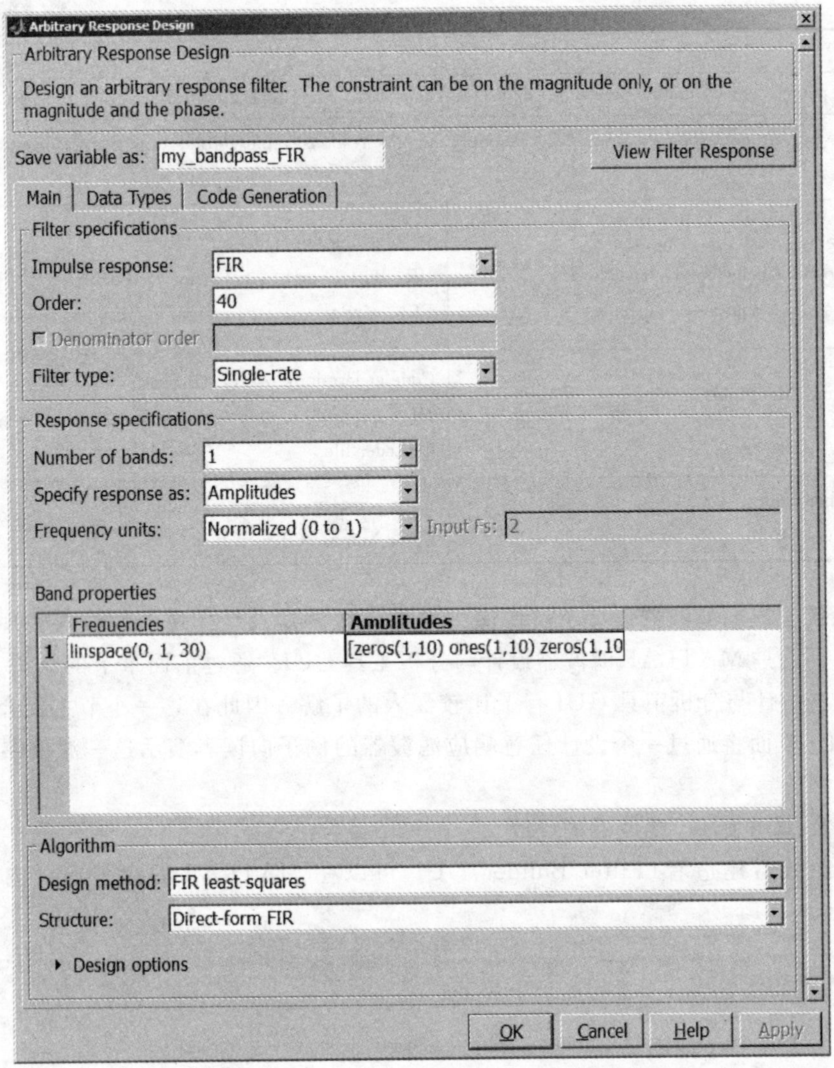

图 5-37 选择 Arbitrary Response 得到的设计窗口

表 5-5 采用 filterbuilder GUI 设计滤波器时的滤波器参数及其设置方式

分 类	项 目	可选种类	设置方式
滤波器特征设置	冲击响应	FIR IIR	可 选
	滤波器阶数	任 意	可 选
	滤波器类型	Single rate Decimator Integrator Sample rate converter	可 选

续表 5-5

分 类	项 目	可选种类	设置方式
滤波器的响应特征	频率个数	1～10	可 选
	滤波器响应的规定方式	Amplitade Magnitude and phase Frequency	可 选
	频率单位	Normalized(0 to 1) Hz kHz MHz GHz	可 选
	各频段特性	设计者定义	
滤波器的设计算法与实现结构	设计算法	Equiripple FIR least squares Frequency sampling	可选（选项的性质与个数与滤波器的冲激响应的种类有关）
	滤波器结构	多种 MATLAB 支持的结构	可选（选项的性质与个数与滤波器的冲激响应的种类有关）

假设现在要设计一个带通 FIR 滤波器，可以如图 5-37 所示对这个带通滤波器的参数作出设置与选定。

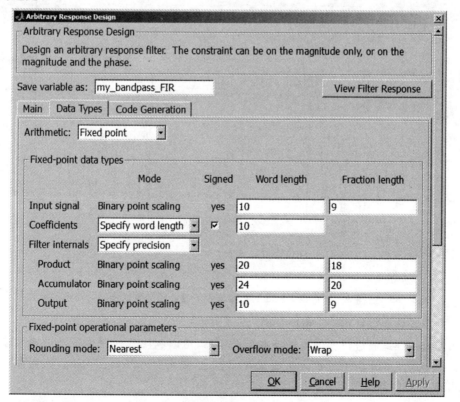

图 5-38 对滤波器的定点操作作出规定

数据类型设计面板(Data Type)

在这一设计面板下对滤波器的数据类型是采用浮点还是定点算法作出规定。为了实现一个定点数字滤波器,将算法栏设置为"定点(Fixed point)",其他设置都已经标识在图 5-38 中。在图 5-38 所示的滤波器系数字长、输入输出信号字长、滤波器内部计算字长及近似、溢出处理方法的规定下,可以得到如图 5-39 所示的滤波器的幅度响应曲线。由于滤波器采用了定点算法,图 5-39 既给出了采用定点算法的幅度响应曲线,又给出了采用浮点算法的响应曲线(在当前的量化参数下,滤波器的浮点幅度响应与定点幅度响应差别很小,在图中很难区分)。利用这一功能,可以对定点算法的字长、二进制小数点位置的设置、近似及溢出处理方式对滤波器的性能影响进行分析和比较。

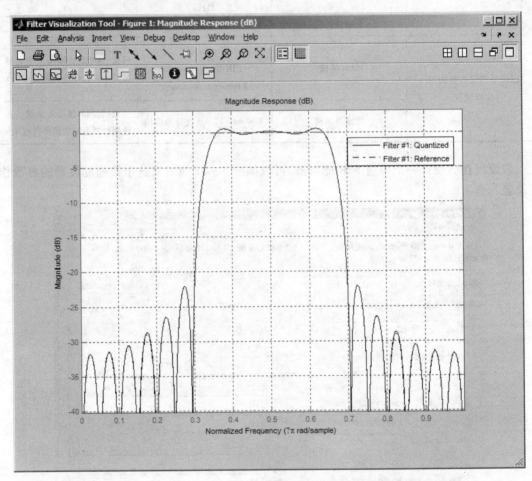

图 5-39 在图 5-37 和图 5-38 的参数设置下设计的带通滤波器幅度频率响应

代码生成设计面板(Code Generation)

在用滤波器建造者进行所需要的滤波器设计后,可以利用其代码生成功能产生多种有用的代码。在如图 5-40 所示的代码生成设计面板上,单击"Generate Model"按钮即可生成用于 Simulink 建模的滤波器模块,如图 5-41 所示。

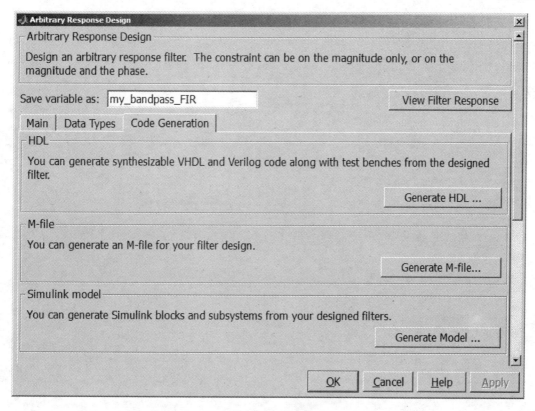

图 5-40　代码生成设计面板

图 5-41　由 filterbuilder 生成的带通 FIR 滤波器 Simulink 模块

第 6 章 信号的统计参数与信号估计

信号估计包括信号的统计参数估计、模型参数与信号的谱密度估计,是信号处理的另一个重要手段与操作之一。DSP 系统工具箱的统计(Statistics)与估计(Estimation)两个模块库为进行这一方面的信号处理系统模拟提供了许多有效和实用的模块。

6.1 信号统计参数的估计与显示

DSP 系统工具箱的统计模块库共含有 12 个模块,如图 6-1 所示。用这些模块可获得信号的基本统计参数,如最小值、最大值、平均值、方差及标准偏差等。一个信号统计参数的准确性与用来计算该统计参数的信号的样本数密切相关。一方面,对于一个平稳的随机信号来说,用来计算信号统计参数的样本数越大,所获得的统计参数的估计值也就越准确;另一方面,如果随机信号是一个非平稳过程,那么用过多的信号样本获得该随机信号的统计参数往往使用户不能对信号特征的变化及时进行跟踪和观察。为此 Simulink 为统计模块库中的下列模块提供了基本操作与流水操作两种工作模式以平衡对信号统计参数的准确性和及时性两方面的要求。

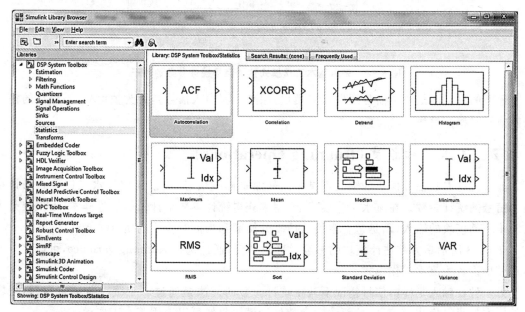

图 6-1 DSP 系统工具箱的统计模块库

- (频率)柱状图(Histogram);
- 平均值(Mean);

- 均方误差(Variance);
- 标准偏差(Standard Deviation);
- 均方差开方值(RMS)。

6.1.1 基本工作模式(Basic Operations)

基本工作模式是指统计参数估计模块只根据当前的模块输入计算信号的统计参数,而与模块输入信号的历史及未来无关。因此,采用基本工作模式的模块,其输入信号一般必须为帧信号,这样获得的模块输入信号的统计参数才真正具有"统计"意义。图 6-2 所示是采用基本工作模式,用相应的统计模块估计输入随机信号的平均值、均方差开方值和方差的例子。该模型的输入信号是在[0,2]上均匀分布的噪声信号。

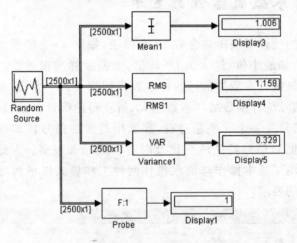

图 6-2 采用基本工作模式估计信号统计参数的例子

模型的最下面是一个信号属性检测模块,用来检测输入信号是否为帧信号,当模块的输入是帧信号时检测模块的输出为 1。

6.1.2 流水工作模式(Running Operations)

如果统计参数估计模块的输入不是帧信号而是样本信号,可以采用流水工作模式来计算输入信号的统计参数。在流水工作模式下,用来获得统计参数估计值的信号样本,不仅仅是当前时步下的模块的输入,而是包含模块从仿真开始起到当前时步止的所有输入。

图 6-3 所示是方差估计模块的参数设置对话框,通过选择 Running variance,可以将方差估计模块设置为流水工作模式。

另一种在输入是样本信号情况下获得统计参数的方法是通过一个缓冲数据寄存器,把输入的样本信号转换成帧信号,从而统计参数估计模块仍然可以采用基本工作模式。

图 6-4 所示是采用上述两种方法,在输入随机信号不为帧信号时进行信号统计参数估计的 Simulink 模型。模型中的随机信号源产生均值为 0、方差为 0.2 的高斯噪声。缓冲数据寄存器的长度为 2 000,没有重叠。

在流水工作模式下用来获得统计参数估计值的信号样本集是模块从仿真开始起到当前时

步止的所有输入。当仿真的时间较长或有必要改变统计参数的估计样本集时,可以改变统计参数估计模块的参数设置,为模块增加一个重置信号输入端,如图6-5所示,从而在适当的时间点给信号参数估计模块送入一个触发信号,这样,信号的统计参数将由触发信号到达后至当前时步的所有输入信号样本得到,而不是从仿真开始起到当前时步的估计值止的所有输入信号样本得到。

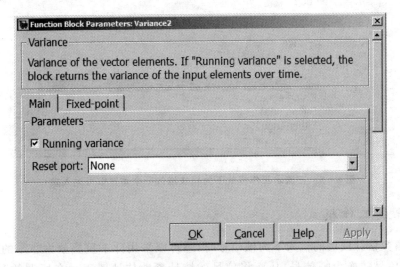

图6-3 将方差估计模块设置为流水工作模式

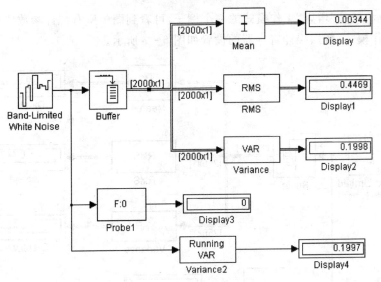

图6-4 输入随机信号不为帧信号时进行信号统计参数估计的例子

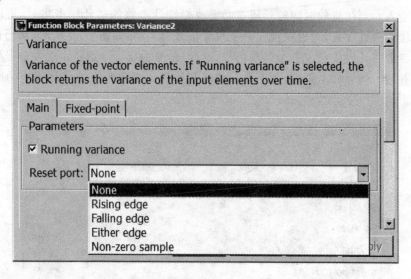

图 6-5　在流水工作模式下为模块增加一个重置信号输入端

6.1.3　增容工作模式

当统计参数估计模块的输入不为帧信号时,还可以采用样本重叠数为非零的数据缓冲寄存器,将非帧信号转换为帧信号,从而将信号的统计参数估计置于一个所谓的"增容工作模式"下。

图 6-6 所示就是"增容"工作模式的一个例子,可看到图中所有统计参数估计模块的工作模式为基本工作模式,数据缓冲寄存器的设置如图 6-7 所示。

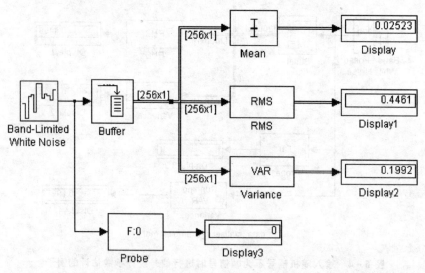

图 6-6　采用增容工作模式进行信号统计参数估计的例子

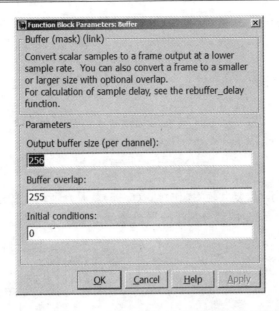

图 6-7　图 6-6 所示 Simulink 模型中数据缓冲寄存器的设置

6.2 线性预测

线性预测就是在假设已经知道 $x[n-1], x[n-2], \cdots, x[n-p]$ 的基础上,最佳地预测当前尚未观察到的信号样本 $x[n]$,即把当前信号样本的估计值 $\hat{x}[n]$ 表示为过去 p 个信号样本的线性组合。

$$\hat{x}[n] = -\sum_{k=1}^{p} a_k x[n-k] \tag{6-1}$$

所谓最佳预测就是要通过选取适当的预测系数 $\{a_1, a_2, \cdots, a_p\}$,使得式(6-2)中定义的预测误差 $e[n]$ 的功率最小

$$\rho = E[|e[n]|^2] = E[|x[n] - \hat{x}[n]|^2] \tag{6-2}$$

这里, $E[\cdot]$ 表示求数学均值。

可以证明,对于一个 p 阶的线性预测器,其最佳预测系数实际上就是一个 p 阶自回归 (Auto-Regressive)过程的自回归参数。一个 p 阶的自回归(AR)过程可以用下式表示:

$$x[n] = -\sum_{k=1}^{p} a[k] x[n-k] + u[u] \tag{6-3}$$

式(6-3)表明,序列 $x[n]$ 是其本身的线性回归, $u[n]$ 表示自回归误差。

上述结论表明,在处理线性预测问题时,已经隐含地假设了所面对的随机信号是一个自回归(AR)过程,而且线性预测器的阶数与自回归过程的阶数相同。只有当这一假设成立时,才能期望线性预测方法可以给出较好的估计结果。

6.2.1 自相关函数与线性预测系数的关系

在式(6-3)中,系数集 $\{a[1], a[2], \cdots, a[p]\}$ 称为该 p 阶自回归过程的自回归参数。在讨论线性预测时,它们也常常被称为线性预测系数。假设式(6-3)中的误差序列 $u[n]$ 是一个

均值为零、方差为 σ^2 的白噪声序列,那么自回归过程的自回归参数与该随机过程的自相关函数

$$r_{xx}[k]=E\{x^*[n]x[n+k]\} \quad (6-4)$$

之间的关系可以由下式表示:

$$r_{xx}[k]=\begin{cases}-\sum_{i=1}^{p}a[i]r_{xx}[k-1] & k\geqslant 1 \\ -\sum_{i=1}^{p}a[i]r_{xx}[-i]+\sigma^2 & k=0\end{cases} \quad (6-5)$$

式(6-4)中的 * 表示"取复共轭"操作。式(6-5)就是众所周知的迁勒-沃克(Yule-Walker)方程。将式(6-5)中 $k\geqslant 1$ 的部分用矩阵形式表示出来,可以得到:

$$\underbrace{\begin{bmatrix} r_{xx}[0] & r_{xx}[-1] & \cdots & r_{xx}[-(p-1)] \\ r_{xx}[1] & r_{xx}[0] & \cdots & r_{xx}[-(p-2)] \\ \vdots & \vdots & & \vdots \\ r_{xx}[p-1] & r_{xx}[p-2] & \cdots & r_{xx}[0] \end{bmatrix}}_{\boldsymbol{R}_{xx}} \begin{bmatrix} a[1] \\ a[2] \\ \vdots \\ a[p] \end{bmatrix} = \begin{bmatrix} r_{xx}[1] \\ r_{xx}[2] \\ \vdots \\ r_{xx}[p] \end{bmatrix} \quad (6-6)$$

式(6-6)中

$$r_{xx}[k]=\begin{cases}\dfrac{1}{N}\sum_{n=0}^{N-1=k}x^*[n]x[n+k], & k=0,1,\cdots,p \\ r_{xx}^*[-k], & k=-(p-1),\cdots,-1\end{cases} \quad (6-7)$$

$\boldsymbol{R}_{xx}$ 被称为自回归过程 $x[n]$ 的自相关矩阵。

6.2.2 莱文森-德宾(Levinson-Durbin)迭代

根据随机序列的自相关函数的性质,可以证明自相关矩阵 $\boldsymbol{R}_{xx}$ 是一个正定的埃尔米特(Hermitian)和托普利兹(Toeplitz)矩阵,因此方程(6-6)存在高效的求解算法。这样的算法就是著名的莱文森-德宾(Levinson-Durbin)迭代算法。在获得自回归过程 $x[n]$ 的自相关函数 $r_{xx}[k]$ 的估计值后,可以采用莱文森-德宾迭代迅速高效地求解式(6-6)得到自回归参数 $a[k]$ 的估计值。

在 DSP 系统工具箱估计模块库的线性预测子模块库中(见图6-8),Simulink 提供了莱文森-德宾算法模块,该模块的输入是通过估计获得的自回归过程的自相关函数序列,输出则为该自回归过程的自回归参数的估计值。

线性预测子模块库还含有一个可以从观察到的随机自回归过程序列直接获得自回归参数估计值的模块,这就是 Autocorrelation LPC 模块,顾名思义,该模块估计自回归参数采用的是自相关法(Autocorrelation Method)。

可以设想,Autocorrelation LPC 模块是分两步获得自回归参数的估计值的。第一步是根据输入的随机自回归序列 $x[n]$,估计自相关函数 $r_{xx}[k]$;第二步是采用莱文森-德宾算法求解迁勒-沃克方程得到自回归参数的估计。也就是说,Autocorrelation LPC 模块等价于自相关函数估计模块与莱文森-德宾算法模块的级连。图6-9 所示的 Simulink 模型验证了这一等价性。

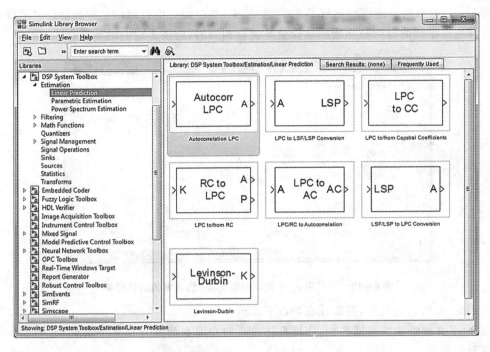

图 6-8　DSP 系统工具箱估计模块库的线性预测子模块库

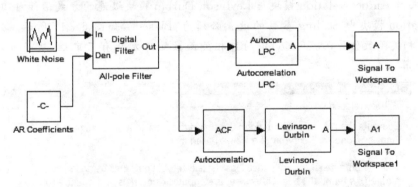

图 6-9　用不同的模块组合获得自回归参数的估计

该模型左边部分产生随机的自回归过程。单击 AR Coefficients 模块可见这是一个 4 阶的自回归过程,其自回归参数为

$$\left.\begin{array}{l} a[0]=1 \\ a[1]=-2.760 \\ a[2]=3.809 \\ a[3]=-2.654 \\ a[4]=0.924 \end{array}\right\} \quad (6-8)$$

白噪声(White Noise)(产生)模块设定了模型中信号的采样率和每帧信号的长度,它们分别为 $\frac{1}{256}$ s 和 256 个样本。模型中采用了两种方法估计自回归参数,一种是直接用 Autocorrelation LPC 模块;另一种是采用了一个 Autocorrelation 模块与一个 Levinson-Durbin 模块的级连。它们的估计结果分别存储在变量矩阵 **A** 和 **A**₁ 中。

图 6-10 所示是上述模型运行了 2 s 后的结果，共获得三组自回归参数的估计。不难看出两种估计方法得到的自回归参数的估计值是完全相同的，验证了它们的等价性。

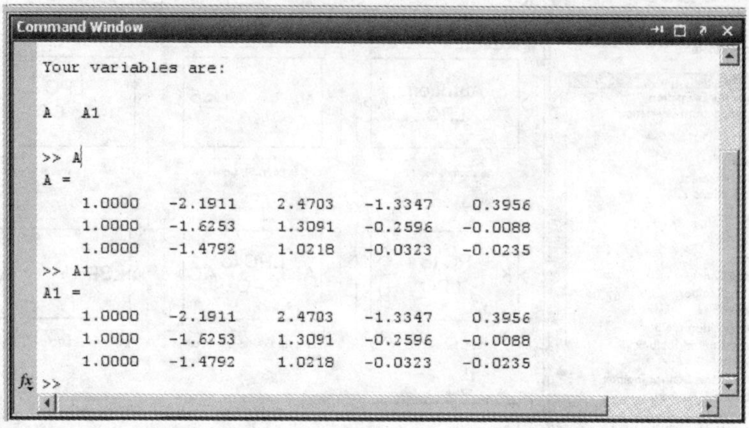

图 6-10　运行图 6-9 所示的模型 2 s 后获得的估计结果

对图 6-9 所示的模型，应该注意到以下几点：

① 由于自回归过程的随机性，每帧获得的自回归参数的估计值是不同的；它们在实际的参数值附近变化。

② 在采用 Autocorrelation 模块与 Levinson-Durbin 模块级连的方式估计自回归参数时，Autocorrelation 模块中 Scaling 参数的设置必须为"Biased"，如图 6-11 所示。只有采用了"Biased"自相关函数估计，式（6-6）中的自相关函数矩阵才具有正定性，从而可以用 Levinson-Durbin 算法求解。

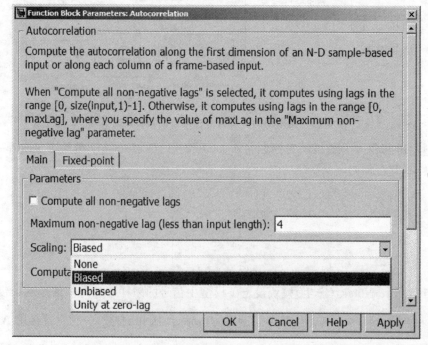

图 6-11　Autocorrelation 模块中 Scaling 参数的设置

③ 为了减小①中提到的参数估计方差,可以在自回归参数的估计模块前加入一个缓冲寄存器,使得前后帧的自回归随机过程信号有一定比例的重叠,并加入一个窗口函数进一步"平滑"前后帧信号的"尾巴效应"。图 6-12 所示是对图 6-9 中的模型作了以上修改后的模型(lpc_win_example.mdl)。该模型中前后帧的重叠量为 50%,窗口函数采用的是海明(Hamming)窗口。

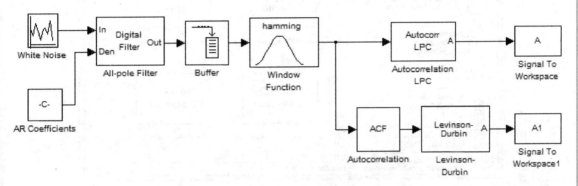

图 6-12　对图 6-9 中的模型作了修改后的模型

图 6-13 给出了这一新模型的运行结果,由于缓冲寄存器的插入,第一组自回归参数的估计输出是没有意义的,而其余两组估计输出的方差与修改前的模型相比有明显改善。当然这里只是定性地说明加入缓冲寄存器和窗口函数后对估计结果的影响。严格的,具有统计意义的估计方差的减小要通过蒙特-卡罗(Monte-Carlo)模拟才能得到。

```
Command Window
>> A
A =
    1.0000         0         0         0         0
    1.0000   -2.7072    3.6190   -2.4399    0.8239
    1.0000   -2.7776    3.8309   -2.6582    0.9157
>> A1
A1 =
    1.0000         0         0         0         0
    1.0000   -2.7072    3.6190   -2.4399    0.8239
    1.0000   -2.7776    3.8309   -2.6582    0.9157
fx >>
```

图 6-13　图 6-12 所示模型的运行结果

6.3　自回归过程的参数估计

线性预测是自回归过程参数估计的一个特殊应用。式(6-5)和式(6-6)表明,线性预测系数就是采用自相关法估计得到的自回归过程的参数。用于自回归过程的参数估计除了自相关法外,还有协方差法、修正型协方差法和伯格(Burg)法。DSP 系统工具箱估计模块库参数估计(Parameter Estimation)子库提供了与这些估计方法相对应的 AR 参数估计模块,如图 6-14 所示。

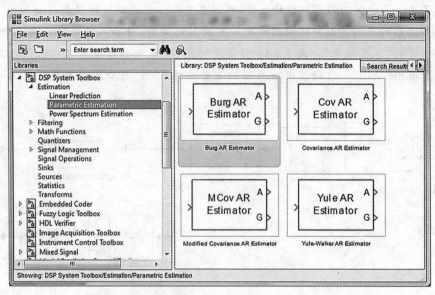

图 6-14　DSP 系统工具箱估计模块库参数估计子库

6.3.1　自回归过程参数的估计方法

协方差法(Covariance Method)

协方差法是通过求解由(6-9)式建立的优化问题得到的,即通过协方差法获得的自回归过程参数是使式(6-9)定义的预测误差功率最小的自回归过程的"预测系数"。

$$\hat{\rho} = \frac{1}{N-p}\sum_{n=p}^{N-1}\left|x[n]+\sum_{k=1}^{p}a[k]x[n-k]\right|^2 \tag{6-9}$$

通过对 $\hat{\rho}$ 相对于 $a[k]$ 的实部和虚部求复数微分,把使预测误差功率最小化以获得自回归参数估计的问题转换成了如下对线性方程组求解的问题:

$$\begin{bmatrix} c_{xx}[1,1] & c_{xx}[1,2] & \cdots & c_{xx}[1,p] \\ c_{xx}[2,1] & c_{xx}[2,2] & \cdots & c_{xx}[2,p] \\ \vdots & \vdots & & \vdots \\ c_{xx}[p,1] & c_{xx}[p,2] & \cdots & c_{xx}[p,p] \end{bmatrix} \begin{bmatrix} \hat{a}[1] \\ \hat{a}[2] \\ \vdots \\ \hat{a}[p] \end{bmatrix} = -\begin{bmatrix} c_{xx}[1,0] \\ c_{xx}[2,0] \\ \vdots \\ c_{xx}[p,0] \end{bmatrix} \tag{6-10}$$

式(6-10)中,

$$c_{xx}[j,k] = \frac{1}{N-p}\sum_{n=p}^{N-1}x^*[n-j]x[n-k] \tag{6-11}$$

式(6-10)在形式上与式(6-6)相同,但具有不同的性质。式(6-10)中的矩阵是埃尔米特和半正定的,可以采用克莱斯基(Choleskey)矩阵分解的方法对该方程组求解。

注意到 Simulink 在 DSP 系统工具箱数学函数模块库中提供了包括克莱斯基分解在内的 5 种矩阵分解模块和多种线性方程求解器,如图 6-15 和 6-16 所示。

修正型协方差法(Modified Covariance Method)

修正型协方差法有时又称为前向-后向(Forward-Backward)法。对于一个自回归过程,最佳的前向估计器为

$$\hat{x}[n] = -\sum_{k=1}^{p} a[k]x[n-k] \qquad (6-12)$$

而最佳后向估计器为

$$\hat{x}[n] = -\sum_{k=1}^{p} a^*[k]x[n+k] \qquad (6-13)$$

这里 $a[k]$ 是自回归过程的滤波器系数。无论是前向估计还是后向估计，其最小的预测误差功率都等于白噪声的方差 σ^2（参考式(6-3)和式(6-5)）。

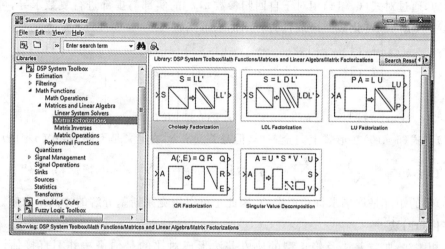

图 6-15　DSP 系统工具箱数学函数模块库中的包括克莱斯基分解在内的 5 种矩阵分解模块

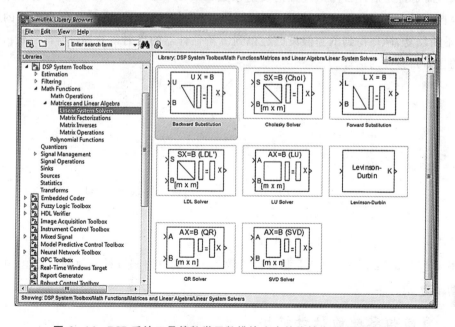

图 6-16　DSP 系统工具箱数学函数模块库中的线性方程求解器模块

修正型的协方差法通过使估计的前向误差功率 $\hat{p}_f$ 与后向误差功率 $\hat{p}_b$ 的平均值最小化来估计自回归过程的参数。这样的平均误差功率表示为

$$\hat{p} = \frac{1}{2}(\hat{p}_f + \hat{p}_b) \tag{6-14}$$

这里

$$\hat{p}_f = \frac{1}{N-p} \sum_{n=p}^{N-1} \left| x[n] + \sum_{k=1}^{p} a[k]x[n-k] \right|^2 \tag{6-15}$$

$$\hat{p}_b = \frac{1}{N-p} \sum_{n=0}^{N-1-p} \left| x[n] + \sum_{k=1}^{p} a^*[k]x[n+k] \right|^2$$

同样的,通过对式(6-14)相对于自回归参数 $a[k]$ 的实部与虚部进行复数求导,可以把这样的一个最小化问题转化成一个线性方程组的求解问题,即

$$\begin{bmatrix} c_{xx}[1,1] & c_{xx}[1,2] & \cdots & c_{xx}[1,p] \\ c_{xx}[2,1] & c_{xx}[2,2] & \cdots & c_{xx}[2,p] \\ \vdots & \vdots & & \vdots \\ c_{xx}[p,1] & c_{xx}[p,2] & \cdots & c_{xx}[p,p] \end{bmatrix} \begin{bmatrix} a[1] \\ a[2] \\ \vdots \\ a[p] \end{bmatrix} = - \begin{bmatrix} c_{xx}[1,0] \\ c_{xx}[2,0] \\ \vdots \\ c_{xx}[p,0] \end{bmatrix} \tag{6-16}$$

式(6-16)与式(6-10)在形式上完全一样,但是 $C_{xx}[j,k]$ 的定义是不同的,式(6-16)中

$$C[j,k] = \frac{1}{2(N-p)} \left(\sum_{n=p}^{N-1} x^*[n-j]x[n-k] + \sum_{n=0}^{N-1-p} x[n+j]x^*[n+k] \right) \tag{6-17}$$

式(6-16)中的矩阵是埃尔米特和正定的,因此也可以用克莱斯基分解的方法来求解。

伯格(Burg)法

与自相关法、协方差法及修正型的协方差法形成对比的是伯格法并不直接估计自回归(AR)参数,而是首先估计自回归过程的反射系数(Reflection Coefficients),然后采用莱文森迭代获得自回归(AR)参数。反射系数的估计是通过使估计误差功率最小化在不同的估计器阶数下,不断反复、循环得到的。假设已经得到 p 阶估计器的反射系数 $\{k_1, k_2, \cdots, k_p\}$,那么与其对应的自回归参数的估计为

$$\hat{r}_{xx}[0] = \frac{1}{N} \sum_{n=0}^{N-1} |x[n]|^2$$

$$\hat{a}[1] = k_1$$

$$\hat{p} = (1 - |\hat{a}_1[1]|^2)\hat{r}_{xx}[0]$$

对 $j = 2, 3, \cdots, p$,有

$$\hat{a}_j[i] = \begin{cases} \hat{a}_{j-1}[i] + k_j \hat{a}_{j-1}^*[j-i], & i = 1, 2, \cdots, j-1 \\ k_j, & i = j \end{cases} \tag{6-18}$$

$$\hat{\rho}_j = (1 - |\hat{a}_j[k]|^2) \cdot \hat{\rho}_{k-1} \tag{6-19}$$

这里 $\hat{a}_j[1], \hat{a}_j[2], \cdots, \hat{a}_j[j]$ 是估计器阶数为 j 时的自回归过程参数的估计值,相应的估计误差功率为 $\hat{\rho}_j$。

6.3.2 自回归参数的估计模块

DSP 系统工具箱估计模块库的参数估计子库含有 4 个自回归过程的参数估计模块,它们对应上面讨论的 4 种自回归过程的参数估计方法,如图 6-17 所示。

图 6-18 所示是采用协方差 AR 参数估计模块(Covariance AR Estimator)和修正型的协

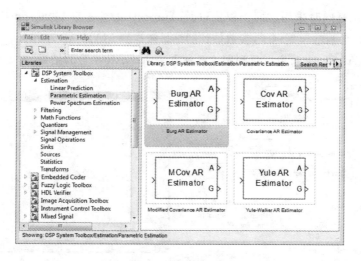

图 6-17 DSP 系统工具箱估计模块库的参数估计子库

方差 AR 参数估计模块(Modified Covariance AR Estimator)进行自回归过程参数估计的模型实例。该模型中的自回归参数与式(6-8)中给出的相同,白噪声信号的方差值为 1,模型中显示的是自回归过程的 5 个参数值估计的均方误差值与最小估计误差功率、σ^2 估计值的均方误差值(Root Mean Squared Errors)。

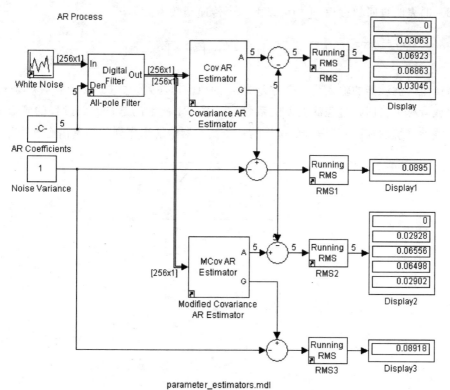

图 6-18 用协方差 AR 参数估计模块和修正型的协方差 AR 参数估计模块进行自回归过程参数估计的例子

图 6-17 中显示的 Yule-Walker AR Estimator 模块实际上与线性预测子库(见图 6-8)中的 Autocorrelation LPC 模块是等阶的。

图 6-19 所示是同时采用这两个模块以及 Autocorrelation 与 Levinson-Durbin 模块的级连估计自回归过程参数的模型例子,参数估计的结果被送到 MATLAB 工作区。在 MATLAB 命令窗口下键入 A,A1 和 A2 就可以看到用这 3 种方法估计 AR 参数的结果,如图 6-20 所示。

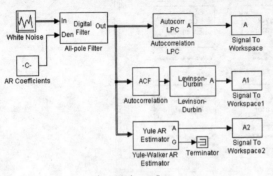

图 6-19 用 3 种方法估计 AR 参数　　　　图 6-20 图 6-19 所示模型估计 AR 参数的结果

6.4 自回归过程的功率谱密度估计

式(6-3)表明自回归过程 $x[n]$ 可以由一个传递函数为

$$A(z) = \frac{1}{1 + a[1]z^{-1} + a[2]z^{-2} + \cdots + a[p]z^{-p}} = \frac{1}{1 + \sum_{k=1}^{p} a[k]z^{-k}} \quad (6-20)$$

的滤波器产生。滤波器的输入是一个方差为 σ^2 的白噪声序列。式(6-20)中 $a[k]$ 是自回归过程的参数或者称为自回归过程滤波器的系数。图 6-21 所示的是自回归过程的阶数 $p=3$ 的情形。从线性系统的理论可以知道,这样的一个滤波器的输出序列的功率谱密度为

$$P_{AR(f)} = \frac{\sigma^2}{|A(f)|^2} = \frac{\sigma^2}{\left|1 + \sum_{k=1}^{p} a[k]\mathrm{e}^{-j2\pi f}\right|^2} \quad (6-21)$$

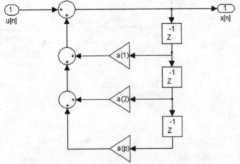

图 6-21 产生 3 阶自回归过程的滤波器

因此,在得到了一个自回归过程的自回归参数估计后,就可以利用式(6-21)获得该自回归过程的功率谱密度估计。

DSP 系统工具箱估计模块库功率谱估计子库提供了 6 个功率谱估计模块,如图 6-22 所示。其中幅度 FFT(Magnitude FFT)与周期图(Periodogram)属于非参量谱估计模块。

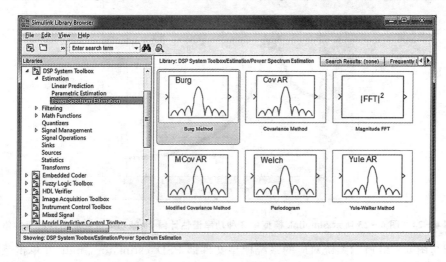

图 6-22　DSP 系统工具箱估计模块库功率谱估计子库

图 6-23 所示的 PSD-estimator 系统模型是采用伯格法、协方差法和修正型协方差法估计一个自回归过程的功率谱的例子。在这个例子中,用 Magnitude FFT 模块计算了自回归过程的真实的功率谱密度,作为与其他采用 3 种估计器获得的功率谱密度的估计进行比较的基准。

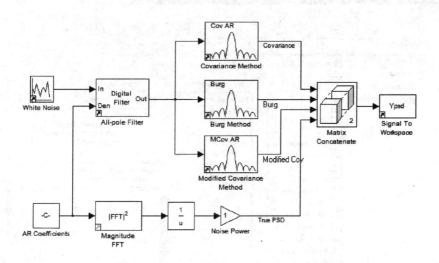

图 6-23　3 种功率谱密度估计器模块的例子

注意到在图 6-23 所示的例子中,产生随机自回归过程的白噪声的方差为 1,并且在计算真实的功率谱密度时采用了这一设定。自回归过程是一个随机过程,因此它们的谱密度估计是有方差的。图 6-24 画出了 PSD-estimators.mdl 模型中 3 种功率谱估计器 20 帧功率谱密度估计的平均值。

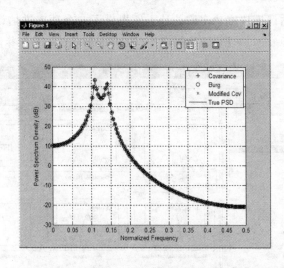

图 6-24 图 6-23 所示 Simulink 模型中 3 种功率谱估计器 20 帧功率谱密度估计的平均值

打开与图 6-23 所示系统对应的系统模型文件即 PSD_estimators.mdl,并单击系统模型右上角的"打开模型探索器(Launch Model Explorer)"按钮,或者在 Simulink 的命令菜单行的 View 菜单下选择"Model Explorer",就可以得到如图 6-25 所示的与图 6-23 中的模型相对应的模型探索器(Model Explorer)窗口,图 6-24 所示的自回归过程功率谱密度估计曲线是在仿真结束,即运行了模型 20 s 后,该模型运行了一个称为"StopFcn"的模型回调(Model Callback)子程序后得到的。

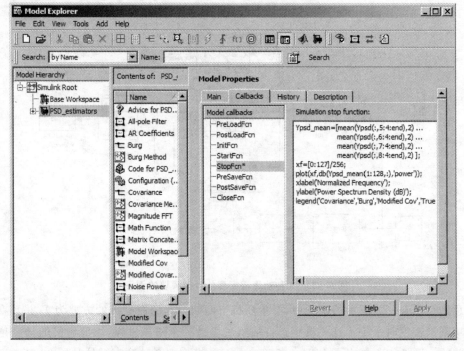

图 6-25 与图 6-23 中的模型相对应的模型探索器(Model Explorer)窗口

第 7 章
复杂数字信号处理算法的实现

前面几章已详细介绍了如何通过建立 Simulink 系统模型对信号处理系统进行模拟与仿真。Simulink 为建立信号处理系统模型提供了大量的基本模块。一般说来,利用这些基本模块,可以搭建各种类型的数字信号处理系统模型,但是,对于某些含有特殊的或者极其复杂的数字信号处理算法的系统,仅仅利用这些已有的 Simulink 模块建立系统模型往往费时、费力,并且会使建立的系统模型变得不必要的复杂,降低了系统模型的可读性。为此,本章主要介绍如何在建立信号处理系统模型时,通过采用自定义模块更方便、更有效地实现复杂的数字信号处理算法。

在建立信号处理系统模型时会遇到的另一个问题是,一些要在系统模型中采用的算法或子系统已经有了成熟可靠的实现,譬如说,它们可能是一个 MATLAB 源代码函数或者是一个标准的 C 程序,如何在系统模型中利用这些已有的算法程序或子系统?在一个复杂系统的研究开发过程中,有可能通过购买或合作的方式从其他渠道获得某些关键的信号处理算法及其实现,它们也可能是 MATLAB 源代码或者是用某些常用编程语言写成的代码程序,用户往往希望能直接把这些程序用到所建立的系统模型中。幸运的是,Simulink 为重复采用这些已有的、以不同形式存在的信号处理算法或子系统提供了快速方便的工具。

7.1 在 Simulink 中使用自定义模块

在 Simulink 中使用自定义模块是解决建立复杂算法系统模型和在 Simulink 中重复使用现成程序问题的有效途径。在第 2 章中已经简单介绍了 Simulink 的用户自定义函数模块集,该模块集共含有 6 个模块,如图 2-89 所示。本节将对该模块集中的一些模块作进一步讨论。

7.1.1 Fcn 和 Interpreted MATLAB Fcn 模块

函数(Fcn)和解译型 MATLAB 函数(Interpreted MATLAB Fcn)模块都是要对模块的输入进行一个由 MATLAB 函数或表达式规定的运算。这两个模块的功能在许多方面是相同的,但又在某些方面各具特点。表 7-1 对这两个模块的一些重要特征作了一个归纳。

表 7-1 函数 Fcn 模块与解译型 MATLAB 函数(Interpreted MATLAB Fcn)模块的特征

	执行速度	输 入	输 出	矩阵操作及冒号(:)操作	数据类型
Fcn	快	标量或矢量	标 量	不 可	单精度或双精度
Interpreted MATLAB Fcn	慢	标量或矢量	标量或矢量	可 以	双精度

在采用 Interpreted MATLAB Fcn 模块时，MATLAB 函数或表达式由存在于 MATLAB 搜索路径内的一个 MATLAB 文件给出。图 7-1 所示是一个使用 Interpreted MATLAB Fcn 模块的例子，相应的 Simulink 模型文件为 matlab_fun.mdl。可以看到，这个模型中的 Interpreted MATLAB Fcn 模块的输入是一个含有 4 个元素的列向量。单击 MATLAB Fcn 模块，得到如图 7-2 所示的模块参数对话框，这个 Interpreted MATLAB Fcn 模块的 MATLAB 函数或表达式由一个名为 myfun.m 的文件给出，它的内容为

```
function x = myfun(u)
x = u * u';
```

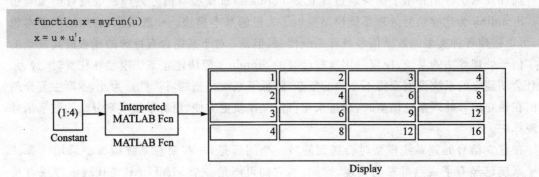

图 7-1 在 Simulink 模型中使用 Interpreted MATLAB Fcn 模块的例子

因此，当输入常数为一个 4×1 的（列）向量时，模块的输出是一个 4×4 的矩阵。这里需要注意的是，一个由常数模块输出的向量总是被解释为列向量。

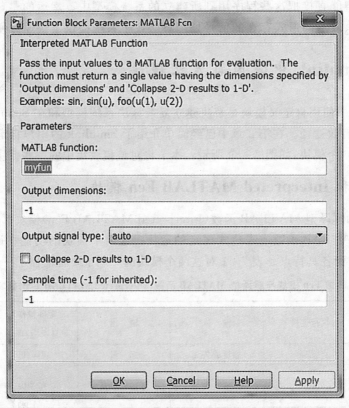

图 7-2 Interpreted MATLAB Fcn 模块的模块参数对话框

如果 Interpreted MATLAB Fcn 模块的 MATLAB function 由 myfun2.m 给出：

```
function x = myfun2(u)
L = length(u);
x = 0;
for i = 1:L
    x = x + u(i);
end;
```

那么，Interpreted MATLAB Fcn 模块的输出为 10，如图 7-3 所示。

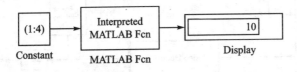

图 7-3 在 Simulink 模型中使用 Interpreted MATLAB Fcn 模块的另一个例子

7.1.2 MATLAB Function(MATLAB 函数)模块

解译型 MATLAB 函数(Interpreted MATLAB Fcn)模块为实现复杂的信号变量操作或特殊的信号处理算法提供了许多方便，但是它也存在一些严重的限制：

- Interpreted MATLAB Fcn 模块的运算速度慢，这是因为在每个(积分)时步点，Interpreted MATLAB Fcn 模块都必须调用 MATLAB 解译器。
- Interpreted MATLAB Fcn 模块的输入输出变量类型只能为双精度，因此不能利用该模块研究有限字长效应对算法及系统性能的影响。
- Interpreted MATLAB Fcn 模块的输入输出变量可以是标量也可以是矢量或矩阵，但变量的个数只能为 1，这不利于采用该模块实现多变量的信号处理或控制子系统，适用性受到限制。

MATLAB 函数(MATLAB Function)模块采用 MATLAB C 代码生成技术(MATLAB Coder)，其内容用 MATLAB 的语法和句法编写，并符合 MATLAB C 代码生成技术对 MATLAB 编程所附加的规定与规则。MATLAB 函数模块的引入，为用 Simulink 进行系统建模、模拟、仿真及系统实现提供了一个强有力的工具，具体表现为

- 提供了不可或缺的，与 Simulink 图形编程、图形表达互补的文字编程功能。
- 约 400 个 MATLAB 内建函数，90 多个 MATLAB 定点运算函数可用于建立系统模型。
- 符合 MATLAB 代码生成技术编程规则的 MATLAB 源代码能够自动生成 C 代码。MATLAB 函数模块在 Simulink 模型运行前的编译、连接过程实际上是一个将 MATLAB 源代码转化为 C 代码，并编译产生可执行代码的过程。因此 MATLAB 函数模块是一个 C-MEX S-函数模块，其运行速度与其他 Simulink 模块相当。

下面来看一个用 MATLAB 函数模块建立系统模型的例子。图 7-4 所示是一个研究视频通信的系统模型(模型文件名为 video_comm.mdl)。该视频通信模型由 5 个子系统组成：视频源子系统、视频编码子系统、视频解码子系统、二元对称信道子系统和计算通信误码率的子系统。其中视频编码与解码子系统的主要组成模块是一个 MATLAB 函数模块，这一点只要打开或进入这些子系统就可以看到。不难发现，这两个子系统被加了面罩或称为屏蔽的子系

统(Masked Subsystem)。在用 Simulink 建立系统模型时,通过给子系统加面罩或屏蔽的方法达到如下的两个目的:

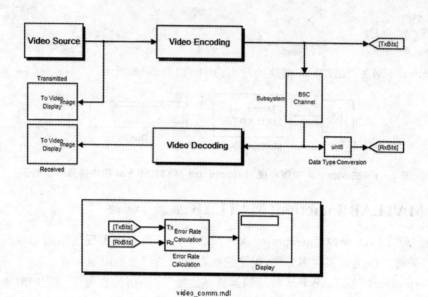

图 7-4　一个研究视频通信的系统模型

① 了解构成子系统的模块的关键参数但不需要知道子系统的构成细节。

② 将分散在各个构成子系统的模块中的重要参数集中在一起,便于观察和调整。

对于图 7-4 所示的视频通信系统,双击视频编码子系统模块,就得到如图 7-5 所示的(屏蔽)参数对话框,可以通过这个对话框观察或修改子系统参数。

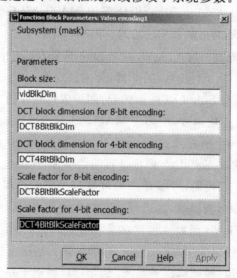

图 7-5　视频编码子系统屏蔽参数对话框

子系统参数的设定可以用实际数值,也可以采用符号参数。例如,在图7-5中,一帧视频的长度(Block size)就是用符号参数"vidBlkDim"来规定的。必须注意的是,在采用符号参数设置子系统屏蔽参数时,这些符号参数必须在 Simulink 工作区中已经有了定义(请参阅本书第2章中对 Simulink 工作区的讨论)。在这个视频通信系统模型中,所有重要系统参数是通过模型启动前运行一个名为 video_comm_init.m 的初始回调子程序(InitFcn)而上载到 MATLAB 基本工作区的。关于模型的回调子程序及其执行时间可参阅表2-5。

如果有必要审查一个加了面罩或屏蔽了的子系统的细节,可以将鼠标指向该子系统,然后右击鼠标(RMB),再选择"Look Under Mask",如图7-6所示。对于正在讨论的视频通信系统模型,打开后的视频编码子系统显示在图7-7中。

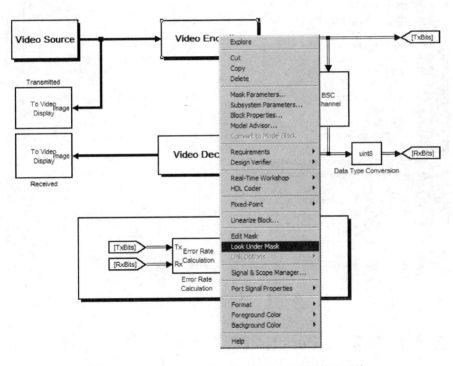

图7-6 选择"Look Under Mask"打开屏蔽了的子系统

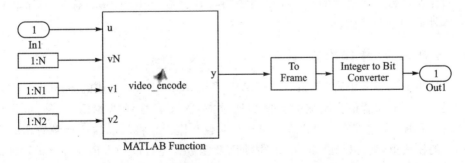

图7-7 视频通信系统中的视频编码子系统

不难看出，视频编码子系统主要由一个 MATLAB 函数模块构成，双击 MATLAB 函数模块即可打开该模块。在这个视频通信系统模型中，视频编码功能由两个 MATLAB 函数完成：function y=video_encode()和 function y=makeint()。

后一个函数为前一个函数调用。图 7-8 显示了 MATLAB 函数 video_encode( )的前 25 行代码。完整的 video_encode( ) 函数可以在本书所附的模型包(下载地址见封一)中找到。

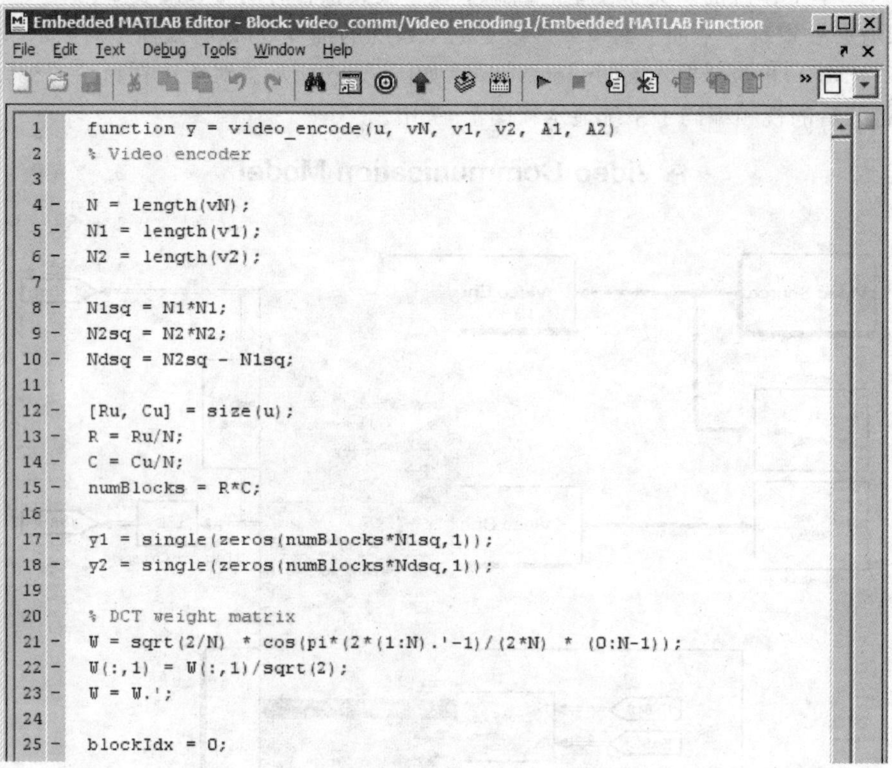

```
1    function y = video_encode(u, vN, v1, v2, A1, A2)
2    % Video encoder
3
4 -  N = length(vN);
5 -  N1 = length(v1);
6 -  N2 = length(v2);
7
8 -  N1sq = N1*N1;
9 -  N2sq = N2*N2;
10 - Ndsq = N2sq - N1sq;
11
12 - [Ru, Cu] = size(u);
13 - R = Ru/N;
14 - C = Cu/N;
15 - numBlocks = R*C;
16
17 - y1 = single(zeros(numBlocks*N1sq,1));
18 - y2 = single(zeros(numBlocks*Ndsq,1));
19
20   % DCT weight matrix
21 - W = sqrt(2/N) * cos(pi*(2*(1:N).'-1)/(2*N) * (0:N-1));
22 - W(:,1) = W(:,1)/sqrt(2);
23 - W = W.';
24
25 - blockIdx = 0;
```

图 7-8   video_encode( )函数

7.2   关于 S-函数(S-Function)

用户自定义函数模块集中的其余几个模块均与 S-函数(S-Function)有关，本节将讨论 S-函数的基本性质和重要特征。

7.2.1   S-函数的特征与类型

S-函数是用不同编程语言，包括 MATLAB、C 和 FORTRAN 写成的 Simulink 模块的一种机器描述。用不同编程语言写成的 S-函数通过 MEX 工具编译成 MEX 文件，成为一个可动态连接的子程序，通过 MATLAB 解释器自动上载并执行。将写成的 S-函数置于一个名为 S-Function 的模块里，就可以在 Simulink 中使用 S-函数。还可以对 S-Function 模块加面罩或屏蔽，从而使得该模块的用户接口更加灵活。因此采用 S-函数极大地扩充了 Simulink 平台进行系统模拟、仿真的能力。

S-函数分成两类,一类是 MATLAB 文件 S-函数,也就是说这类 S-函数是用 MATLAB 代码写成的,而用其他编程语言,如 C、C++、Ada 或 FORTRAN 等写成的另一类 S-函数则被统称为 MEX-文件 S-函数。MEX 是 MATLAB Executable 的简称。

MATLAB 文件 S-函数(MATLAB-File S-functions)

MATLAB 文件 S-函数是借助于一个称为 S-function API(S-函数应用编程接口)的工具包写成的。根据利用 S-function API 的程度,MATLAB 文件 S-函数又分为 Level-1 MATLAB 文件 S-函数和 Level-2 MATLAB 文件 S-函数。Level-1 MATLAB 文件 S-函数只利用了很小一部分的 S-function API,而 Level-2 MATLAB 文件 S-函数则在更大范围内采用了 S-function API,并且能够支持 Simulink 的代码生成。因此一般情况下 Level-1 MATLAB 文件 S-函数已经不再使用了。

MEX-文件 S-函数(MEX-File S-functions)

MEX-文件 S-函数是用其他编程语言,如 C、C++ 和 FORTRAN 等实现的 S-函数。利用 MEX-文件 S-函数可以方便地在 Simulink 模型中使用已有的以其他编程语言形式存在的应用代码。

7.2.2 S-函数的工作原理

为了了解 S-函数的工作原理,先来回顾一下 Simulink 模型是如何工作的。

一个 Simulink 模型的执行是按阶段进行的。首先是模型的初始化。在模型的初始化阶段,Simulink 引擎把模型采用的 Simulink 库模块纳入系统模型,确定信号的传导路径、信号宽度、数据类型和采样时间,计算各模块参数,确定模块的执行顺序,并且分配存贮空间。

接下来,Simulink 模型的运行进入仿真循环阶段。一个完整循环称为一个仿真时步,在每个仿真时步上,Simulink 引擎根据初始化阶段确定的顺序执行各 Simulink 模块。每个 Simulink 模块在数学上可以用图 1-2 来表示,也可以用下面的一组数学方程式来描述:

$$\left. \begin{array}{l} y = f(t, x, u) \\ \dot{x}_c = d(t, x, u) \\ x_d^{k+1} = y(t, x_c, x_d^k, u) \\ x = [x_c, x_d] \end{array} \right\} \quad (7-1)$$

上述方程式分别代表模块输出、(连续)状态变量的导数、(离散)状态变量的更新和状态变量集。因此,每个模块的执行过程都是一个 Simulink 引擎按方程式(7-1)计算模块输出、求解系统状态变量导数和更新离散状态变量的过程。

由此可见,Simulink 引擎要在不同的仿真阶段或仿真时步上完成一系列的任务,这些任务包括:

- 初始化。
- 计算下一个采样时间。
- 计算各模块和模型输出。
- 更新离散状态变量。
- 对连续状态变量进行微分或积分。

每一个 S-函数也具有完成这些任务的功能。它们由一组所谓的 S-函数回调方法(S-function Callback Methods)来实现。

在模型仿真过程的每个仿真时步,Simulink 引擎会对模型中的每个 S-函数模块采用合适的回调方法以完成仿真循环。图7-9和图7-10分别显示了Simulink引擎在仿真的初始化阶段和仿真循环阶段调用一个S-函数的回调方法的次序。图中的实线方框表明那些一定发生的回调方法,而虚线方框则表示那些视模型及求解器的情况可能会出现的回调方法。如果一个模型含有多个S-函数,Simulink引擎将对每个S-函数模块调用一个特定的回调方法后再继续调用下一个回调方法。

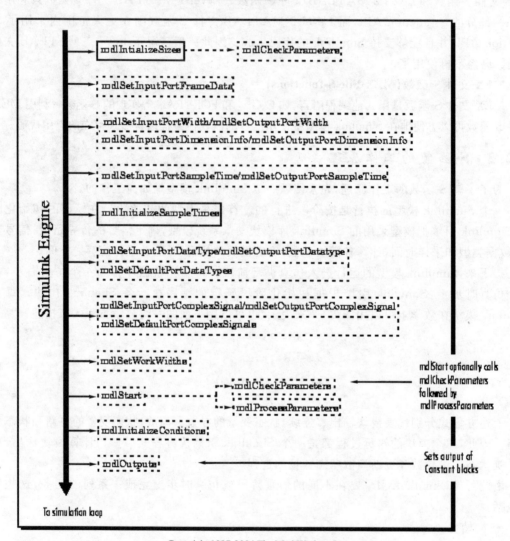

图7-9 Simulink引擎在仿真的初始化阶段调用一个S-函数的回调方法的次序

7.2.3 S-函数的实现与使用

实现S-函数的方法主要有以下几种:
- 手工编写C-MEX S-函数。

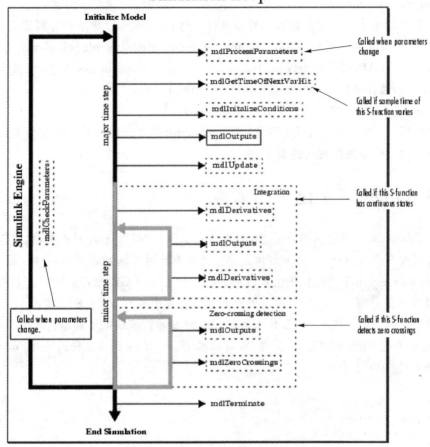

图 7-10 Simulink 引擎在仿真循环阶段调用一个 S-函数的回调方法的次序

- 借助 Simulink 提供的样板文件(templates)编写 S-函数。
- 采用 Simulink 的 S-function Builder 建立 S-函数模块。
- 利用 Simulink 的传统代码工具(Legacy Code Tool)编写 S-函数。

应根据建立系统模型的需要,考虑各种实现方法的适用性和局限性,并根据自身对各种工具的了解和掌握情况决定采用哪一种实现方法。

一般说来,如果对 MATLAB 编程比较熟悉,但没有太多编写 C 程序的经验,而且不需从使用 S-函数的系统模型产生源代码,那么应该考虑使用 Level-2 MATLAB 文件 S-函数。

如果需要从系统模型产生源代码,那么 Level-2 MATLAB 文件 S-函数还需要有一个相应的目标语言编译器(Target Language Compiler-TLC)文件才能生成源代码。如果不具有编写 TLC 文件的知识,则应该考虑编写 C-MEX S-函数,因为 C-MEX S-函数支持代码生成。

如果有必要用 C 实现 S-函数,但又没有编写 C-MEX S-函数的经验,这样的情况下可以借助 S-function Builder 来实现 S-函数。

如果需要在系统模型中使用一些现有的代码文件函数,而且那些代码函数只计算输出,不需要计算其他动态变量,那么应该考虑采用 Simulink 的传统代码工具来实现 S-函数。传统代码工具只能用来处理简单的只产生输出结果的现有代码函数,如果需要计算复杂的动态变量,应该使用 S-function Builder。

Simulink 提供了 3 个实现 S-函数的样板文件,它们的用途和存放地点分别如下:
Level-1 MATLAB 文件 S-函数:matlabroot/toolbox/simulink/blocks/sfuntmpl.m
Level-2 MATLAB 文件 S-函数:matlabroot/toolbox/simulink/blocks/msfuntmpl_basic.m
C-MEX S-函数:matlabroot/simulink/src/sfuntmpl_doc.c
这里的 matlabroot 代表 MATLAB 的安装根目录。

下一节将用一个实际的例子介绍如何借助 Simulink 的传统代码工具建立 S-函数,从而可以在建模过程中方便地使用现有的 C 程序。

7.3 在 Simulink 中使用 C 程序

如果对 Simulink S-函数 API 不熟悉,对 MATLAB 的 MEX 工具不了解,利用C-MEX S-函数编程样板或 S-Function Builder 来建立并在建模中使用 S-函数还不是一件一目了然的事情。为此 Simulink 推出了传统代码工具(Legacy Code Tool-LCT)来帮助用户更方便地,在不需要知道很多 S-函数细节的情况下对一类常见的 C 程序生成 C-MEX S-函数。

利用传统代码工具生成 C-MEX S-函数和相应的 S-函数模块的步骤是:

① 编写一个简单的 MATLAB 文件,暂且称其为 lct_cfun.m。这样的一个.m 文件包括一条或多条下列的 LCT 命令:

```
a) Lct_spec = legacy_code ('initialize');
b) legacy_code('sfun_cmex_generate', Lct_spec);
c) legacy_code('compile', Lct_spec);
d) legacy_code('generate_for_sim', Lct_spec);
e) legacy_code('slblock_generate', Lct_spec);
f) legacy_code('sfun_tlc_generate', Lct_spec);
```

在上述 LCT 命令中,命令 a) 生成一个描述代表现有代码的 S-函数属性的数据结构并对其进行初始化;命令 b) 和 c) 的作用与命令 d) 相同;命令 e) 产生一个调用所生成的 S-函数的 Simulink 模块;命令 f) 则产生一个在代码生成时将该 S-函数进行内嵌的 TLC 文件。

② 在 lct_cfun.m 中,列出与 C 程序有关的源文件名,标题文件名,确定生成的 S-函数的名称,并根据 C 函数的原型规范规定生成的 S-函数的原型规范(Function prototype)。例如:

```
Lct_spec.SourceFiles   = {'cfun.c'};
Lct_spec.HeaderFiles   = {'cfun.h'};
Lct_spec.SFunctionName = 'sfun_cfun';
Lct_spec.OutputFcnSpec = 'cfun(single u1,[100], single u2[100], single y[100])';
```

③ 在 MATLAB 中运行 lct_cfun.m 文件,产生相应的 MEX S-函数和 TLC 文件。如果在 lct_cfun.m 中含有如下的 LCT 命令:

```
legacy_code ('slblock_generale', lct_cfun);
```

那么运行 lct_cfun.m 会同时生成一个名为 sfun_cfun 的 Simulink S-函数模块。

④ 如果在 lct_cfun.m 中没有包含生成 Simulink S-函数模块的 LCT 命令，可以从 Simulink 用户自定义函数模块集中取出一个 S-function 模块，并在该模块的参数对话框中输入相应的包括 S-函数名在内的 S-函数参数。这样就成功地生成了文件 cfun.c 的 C-MEX S-函数以及相应的 S-函数模块。

本章在讨论 MATLAB 函数模块时使用了一个视频通信的例子，请参见图 7-4。在这个视频通信系统模型中，视频编码是由一个 MATLAB 函数模块来实现的。假设现在有实现该视频编码功能的 C 程序，而且 C 文件及其标题文件名分别为 video_encode.c 和 video_encode.h。现在要在这个视频通信模型中使用这个 C 程序来代替图 7-7 中的 MATLAB 函数模块。

根据利用传统代码工具生成 C-MEX S-函数及相应的 S-函数模块的步骤，首先编写一个 MATLAB 程序，并将其命名为 video_encode_lct.m，内容如下：

```
% initialize the data structure that describes the S-function attributes:
spec = legacy_code('initialize');

% Specify the video encoding c code related file names and function
% prototypes:
  spec.SourceFiles    = {'video_encode.c'};
  spec.HeaderFiles    = {'video_encode.h'};
  spec.SFunctionName  = 'sfun_video_encode';
  spec.OutputFcnSpec  = ...
'video_encode(uint8 u1[112][160], single u2[16], single u3[4], single u4[8], uint8 y1[2800])';
% generate C-MEX S-function and TLC files and the S-function block:
legacy_code('generate_for_sim', spec);
legacy_code('slblock_generate', spec);
```

在将所有相关的文件都置于 MATLAB 的当前目录下并运行上面的 video_encode_lct.m 文件后，得到两个文件：视频编码的 C-MEX S-函数 sfun_video_encode.mexw32 和相应的 TLC 文件 sfun_video_encode.tlc 及一个如图 7-11 所示的视频编码 S-function 模块。

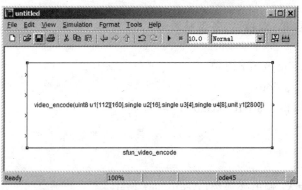

图 7-11 运行 video_encode_lct.m 后得到的视频编码 S-function 模块

为了在视频通信系统模型中采用图 7-11 中的 S-函数模块，打开这个系统模型中的视频编码子系统（见图 7-7），将这个子系统中的 MATLAB 函数模块删除，并将图 7-11 中的视频编码 S-function 模块移入，即可得到采用视频编码 C 程序的新的视频通信系统模型。将这一新产生的系统模型保存在一个名为 video_comm_use_sfun_block.mdl 的 Simulink 模型文件中,其中的视频编码子系统由图7-12给出。这样就成功地在Simulink建模过程中采用了现有的实现视频编码的C程序。

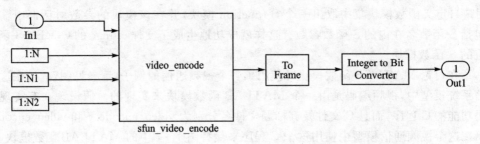

图7-12 video_comm_use_sfun_block.mdl中的使用C-MEX S-函数的视频编码子系统

7.4 从MATLAB程序自动生成C代码

MATLAB的C代码自动生成技术是MATLAB的一个重要组成部分,其相应的产品是MATLAB代码生成器(MATLAB Coder)。为了能够从MATLAB程序自动生成C代码,考虑到C代码的一些编程和编译特点,MATLAB Coder对MATLAB的编程规则和风格做出了一些特别的规定,引入了一些新的句法和语义。以自动生成C代码为目的的MATLAB程序必须遵循这些编程风格和规则。

7.4.1 MATLAB代码生成器的特征

能够自动生成C代码的MATLAB程序,保留了大部分MATLAB程序编程方便、快捷的特征和支持复杂、敏感的数值运算的强大功能。这些特征与功能包括:

- 多维阵列。
- 矩阵操作。
- 下标与脚注。
- 复数。
- 各种数据精度(单、双精度,各型整数等)。
- 定点计算。
- If,switch,while及for语句。
- 子函数(sub-functions)。
- 持续存在变量(persistent variables)。
- 结构(structures)。
- 字符。
- 帧操作。
- 可变长度的输入,输出变量表(Argument Lists)。
- 函数把手(Function handles)。
- 400+MATLAB函数。
- 调用MATLAB函数的能力。

一般说来,在以生成C代码为目的的MATLAB编程过程中,几乎所有常用的MATLAB编程手段都可使用。

7.4.2 MATLAB 代码生成器的主要命令

在 MATLAB 命令窗口下,采用 MATLAB 代码生成器(MATLAB Coder)从 MATLAB 程序自动生成 C 程序的命令是 codegen,即

```
>> codegen options  fcn_1args ... fcn_nargs
```

这里 fcn_i 是第 i 个需要生成 C 程序的 MATLAB 文件名;args 定义相应的 MATLAB 文件的输入变量的大小、类别、是实数还是复数。options 是生成 C 程序时的编译选项,常用的选项及其对应的功能如表 7-2 所列。

表 7-2 MATLAB Coder 的编译选项

Options	功 能
-c	生成 C/C++代码,但不调用"make"命令
-config:dll	生成动态链接的 C/C++程序库
-config:exe	生成静态的 C/C++可执行文件
-config:lib	生成静态的 C/C++程序库
-config:mex	生成 MATLAB 执行文件(mex 文件)

选用-config:mex 生成 mex 文件主要有两个用途:一是加快 MATLAB 程序,尤其是采用定点算法的 MATLAB 程序的运算速度;二是将 MATLAB 的文字编程能力引入到 Simulink 中。通过该选项产生 C-MEX 文件是 Simulink 中的用户自定义函数模块库中的 MATLAB 函数模块采用的核心技术。

必须把利用 MATLAB Coder 生成 mex 文件与 MATLAB 的 mex 工具区分开来,他们之间的共同与不同点罗列在表 7-3 中。

表 7-3 mex 与 codegen -config:mex

命 令	mex	codegen -config:mex
操作对象	C 程序	MATLAB 文件
结果	产生 MATLAB 可调用函数	产生 MATLAB 可调用函数
目的	运行速度更快的 MATLAB 代码	运行速度更快的 MATLAB 代码;构成 Simulink 模块

7.4.3 用 MATLAB 代码生成器自动生成 C 程序的实例

图 7-13 所示是一个在进行语音信号处理时可能用到的一段示范 MATLAB 程序。这段 MATLAB 程序实现对信号的帧处理,每帧信号的样本数为 128,这些样本被置于一个名为 DataBuffer 的数据缓冲寄存器中;每一个循环(for-loop)DataBuffer 中有 Block-Size(32)个样本得到更新;在对当前 DataBuffer 进行快速傅里叶变换(fft)并取结果的绝对值(abs)后,再与前一循环运算的结果取算术平均。

下面要用一个 MATLAB 函数来取代进行上述信号处理的 MATLAB 代码,即图 7-13 中的 21、22 和 23 行。将这样的一个 MATLAB 函数取名为 frame_proc( )(见图 7-14),并将其存在一个名为 frame_proc.m 的文件中,然后用 MATLAB Coder 将 frame_proc.m 转换成 C 程序。

```matlab
1    %% Intialization
2  - clear all;
3    BLOCK_SIZE = 32;           % block size
4    FRAME_SIZE = 128;          % frame size
5    IterLen = 1*FRAME_SIZE;    % not relevant in real-time implementation
6
7    OVERLAP_SAMPLES = FRAME_SIZE-BLOCK_SIZE;
8    DataBuffer = zeros(FRAME_SIZE,1);
9    SpecDataBufferCurr = zeros(FRAME_SIZE,1);
10   SpecDataBufferPre = zeros(FRAME_SIZE,1);
11   SpecDataBufferAvg = zeros(FRAME_SIZE,1);
12
13   %% process frames
14 - for ii = 1:BLOCK_SIZE:IterLen
15       % create data buffers to operate on
16       DataBuffer(1:OVERLAP_SAMPLES) = DataBuffer(BLOCK_SIZE+1:FRAME_SIZE);
17       % copy new samples into the buffer
18       DataBuffer(OVERLAP_SAMPLES+1:FRAME_SIZE) = randn(BLOCK_SIZE,1);
19
20       % processing of samples
21       SpecDataBufferPre = SpecDataBufferCurr;
22       SpecDataBufferCurr = abs(fft(DataBuffer));
23       SpecDataBufferAvg = 0.5*(SpecDataBufferPre + SpecDataBufferCurr);
24
25       % processing of samples using the C-MEX file
26       SpecDataBufferAvg_eml=frame_proc_mex(DataBuffer);
27
28       % To examine the difference between the MATLAB
29       % and C-MEX implementations, uncomment the following:
30       %plot(SpecDataBufferAvg-SpecDataBufferAvg_eml);
31       %pause;
32
33   end
```

图7-13 一段实现对信号进行帧处理的MATLAB程序

```matlab
function y = frame_proc(x)  % #codegen
    % Declare persistent variables:
    persistent u;
    persistent uPre;

    % Pre-allocate variables:
    frameSize = length(x);
    if(isempty(u))
        u = zeros(frameSize,1);
    end

    % Algorithm:
    uPre = u;
    u = abs(fft(x));
    y = 0.5 * (uPre + u);
end
```

图7-14 替代图7-13中21～23行的MATLAB函数:frame_proc()

在 frame_proc() 函数中,用 %#codegen 告诉 MATLAB 解释器,这是一个以生成 C 程序为目的的 MATLAB 函数,而不是普通的 MATLAB 函数。另外,MATLAB 在一个函数调用 (Function call) 结束后,函数中涉及的变量,除输入与输出列表中的变量外,都会从工作区中消失。因此如果有必要保存某个变量值供下次函数调用时使用,就必须将其定义为持续存在变量,这就是为什么在 frame_proc() 中,u 和 upre 被定义为持续存在型变量的缘故。

以生成 C 程序为目的的 MATLAB 函数中所分配的存贮单元的大小必须是常数,不能为变量。在 frame_proc() 中,frameSize 就是一个固定的常数,它在 frame_proc() 的调用与执行过程中保持不变。

图 7-13 中的第 26 行用名为 frame_proc_mex 的 C-MEX 函数 (frame_proc_mex.mexw64) 可以得到与 21~23 行等同的运算结果。

frame_proc_mex.mexw64 可以通过执行如下的命令得到:

```
%% Generate both c code and C-MEX function:
>> codegen frame_proc -args { zeros(128,1) } -report
```

或者用以下的命令得到:

```
%% Generate C-MEX function only:
>> codegen frame_proc -args { zeros(128,1) } -report -config:mex
```

前者在产生 frame_proc_mex.mexw64 C-MEX 文件的同时,生成与 MATLAB 函数 frame_proc.m 相对应的 C 程序。图 7-15(a) 给出了生成的 C 程序的函数名。后者只产生 C-MEX 文件。

如果只需要从 MATLAB 函数生成 C 程序,可以执行下面的命令:

```
%% Generate C-Code only:
>> codegen frame_proc -args { zeros(128,1) } -report -c
```

由此命令产生的 C 函数陈列在图 7-15(b) 中。

用户可以容易地验证图 7-13 中第 26 行与 21~23 行的执行结果是完全相同的。感兴趣的读者可以将图 7-13 中所示的 MATLAB 程序中的第 30 与 31 行前的 % 注释符号去掉并运行该程序以验证前述的等价性。

在 MATLAB Coder 编译器的缺省设置下,由 codegen 命令产生的 C 程序中的许多子函数如 frame_proc() 中的 abs()、fft() 和主函数如 frame_proc() 是内嵌的 (inline)。在图 7-15 所示的 C 程序列表中并没有单独的 abs.c 或 fft.c。如果有必要产生这些独立的而不是内嵌的 C 函数,可以通过改变 MATLAB Coder 编译器的设置来实现。

例如,在对编译器的设置作如下修改并执行 codegen 命令后,就可以得到许多分列的 C 程序 (函数),如图 7-16 所示。

```
%% Change codegen compiler settings
% opt = coder.config;
% opt.InlineThreshold = 0;
% opt.InlineThresholdMax = 0;
% opt.InlineStackLimit = 0;
>> codegen frame_proc -args { zeros(128,1) } -report -c -config opt
```

```
(a) 同时产生C程序和C-MEX文件          (b) 只产生C程序

Target Source Files                  Target Source Files
frame_proc.c                         frame_proc.c
frame_proc.h                         frame_proc.h
frame_proc_api.c                     frame_proc_data.c
frame_proc_api.h                     frame_proc_data.h
frame_proc_data.c                    frame_proc_initialize.c
frame_proc_data.h                    frame_proc_initialize.h
frame_proc_initialize.c              frame_proc_terminate.c
frame_proc_initialize.h              frame_proc_terminate.h
frame_proc_mex.c                     frame_proc_types.h
frame_proc_terminate.c               rtGetInf.c
frame_proc_terminate.h               rtGetInf.h
frame_proc_types.h                   rtGetNaN.c
rt_nonfinite.h                       rtGetNaN.h
rtwtypes.h                           rt_nonfinite.c
                                     rt_nonfinite.h
                                     rtwtypes.h
```

图 7–15　在 MATLAB Coder 编译器缺省设置下产生的 C 程序

```
Target Source Files
abs.c
abs.h
cos.c
cos.h
fft.c
fft.h
frame_proc.c
frame_proc.h
frame_proc_data.c
frame_proc_data.h
frame_proc_initialize.c
frame_proc_initialize.h
frame_proc_terminate.c
frame_proc_terminate.h
frame_proc_types.h
isinf.c
isinf.h
isnan.c
isnan.h
rtGetInf.c
rtGetInf.h
rtGetNaN.c
rtGetNaN.h
rt_nonfinite.c
rt_nonfinite.h
rtwtypes.h
sin.c
sin.h
true.c
true.h
```

图 7–16　改变 MATLAB Coder 编译器的设置后产生的 C 程序

第 8 章
信号处理系统的建模与仿真实例

本章将讨论用 Simulink 进行信号处理系统建模与仿真的实际例子。将详细讨论这些系统模型的结构与组成,建模时的一些重要考量,以及如何在建立系统模型时,根据系统和信号处理算法的特点和要求选取合适的 Simulink 库模块和建模方法。为了把精力集中在用 Simulink 建立系统模型上而不是代码生成和系统实现,下面的讨论中只考虑浮点运算。

8.1 在多输入多输出(MIMO)通信接收机中采用逐个干扰相消

接下来讨论的是一个在 Simulink 平台上模拟多输入多输出(MIMO)正交频分多路(OFDM)通信系统的例子,讨论如何在 Simulink 中实现现代通信系统中的先进接收机技术,如最小二乘方(least squares)接收机、最小均方误差(Minimum Mean Squared Error)接收机。特别地,还要介绍如何实现有效地改善 MIMO 接收机性能的逐个干扰相消(Successive Interference Cancellation -SIC)技术。这个例子也涉及 MIMO-OFDM 通信系统物理层的模拟与仿真。

8.1.1 背景知识

多输入多输出是智能天线技术的一种。MIMO 就是在无线通信的发送端和接收端均采用多个天线以改善通信的质量与性能。近年来,MIMO 技术得到广泛关注,这是因为该技术通过提高频谱效率,即在每秒每赫兹内传送更多的信息码元,提高连接的可靠性和多样化,可以在不增加系统频带宽度和发送功率的情况下,显著地提高通信系统的数据流量和覆盖范围。

MIMO 的核心技术

MIMO 的核心技术主要有下列 3 种:

① 波束形成(Beamforming)以及以波束形成为基础的空间多路接入(Spatial Duplex Multiple Access - SDMA)技术。

② 发送多样化(Transmit Diversify)技术。

③ 空间多路/复用(Spatial Multiplexing)。

波束形成是最早得到采用的智能天线技术中的一种,是一种比较成熟的技术。发送多样化技术的代表是一种称为空间-时间分组编码(Space Time Block Code)的技术,这种技术也常常以该技术的发明者 Alamouti 命名,被称为 Alamouti 技术。实用的空间多路/复用技术首先由美国朗迅通信公司的贝尔实验室提出,包括垂直多层式时空编码(V-BLAST,Vertical-Bell Laboratories Layered Space-Time)以及各天线数据率控制(PARC,Per Antenna Rate Control)。

除了上述3种典型的MIMO核心技术外,许多无线通信的研究与开发者提出了众多的以上述3种技术为基础并进行各种组合的MIMO新技术。

MIMO的类型

如果按照无线通信系统在一个给定的时间-频率区间内服务用户的个数区分,MIMO可以分成单一用户(Single User)MIMO和多用户(Multi-user)MIMO。换句话说,单一用户MIMO就是在一个给定的时间-频率区间内只安排一个用户,通过多个天线送出的多路数据流都传送到这一个用户。单一用户MIMO通常采用空间多路复用技术以增加(单一)用户的峰值数据流量。

多用户MIMO系统则在一个给定的时间-频率区间内服务多个用户。由多个天线发送的多路数据流传送到多个用户。为此,多用户MIMO的核心技术是空间多路接入(SDMA)并以增加每个无线基站所服务的那个扇形区域内的平均数据流量为目的。

MIMO还可以根据对用户信道的编码方式分成单一码字(SCW,Single Code Word)MIMO和多码字(MCW,Multi-Code Word)MIMO。图8-1所示是对单一码字和多码字MIMO的图形解释。

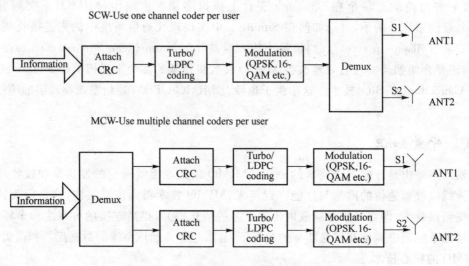

图8-1 单一码字MIMO与多码字MIMO

一个实用的无线通信系统可以根据对系统的要求和系统的工作环境,对上述4种形式的MIMO作合理的组合以决定所要采用的MIMO系统。下面将要讨论的逐个干扰相消技术适用于多码字单一用户MIMO系统。

8.1.2 逐个干扰相消的工作原理

如图8-1所示,在一个多码字单一用户MIMO系统中,一个预定要传送至某个用户的信息流在MIMO发送端被分成了多个数据流,它们在经过采用不同码字的信道编码和调制后,通过多个天线发送出去。这些信号流通过MIMO信道在空中合成后到达用户接收端,因此用户接收机接收到的是一个多路信号流互相"混杂"的信号。当MIMO接收机在处理某一个信号流时,其余的信号流相对于正在处理的信号流而言都是干扰信号。因此接收机必须具有甄别不同信号流,对它们分别进行信道解码、解调并最终合成为期待的信息流的能力。

在多码字单一用户 MIMO 系统中经常采用的 MIMO 接收机技术有 3 类：

① 线性最小均方误差（MMSE,Minimum Mean Squared Error）和最小二乘方（Least Squares）接收机。最小二乘方接收机也被称为强置零（ZF,Zeor-Forcing）接收机。这类接收机结构简单,在采用较强的信道编码时,可以获得较好的接收性能。

② 最大似然检测（Maximum Likelihood Detection）技术。这类接收机即使在采用较弱的信道编码条件下,也能获得较好的检测结果。但这类接收机计算极为复杂,往往在实际中很难采用。

③ 最小均方误差与逐个干扰相消相结合的接收机技术,即 MMSE-SIC 接收机,这类接收机所需的存贮量或存贮单元较大但实用可行,而且可以达到理论上的最佳接收机的性能。因此 MMSE-SIC 技术在先进的无线通信系统,如第四代无线通信接收机中得到了广泛应用。

图 8-2 是采用了逐个干扰相消技术的 MMSE-SIC 接收机工作原理的示意图。假设讨论的是一个 4×4 的多输入多输出系统。该系统采用空间多路复用,即有 4 个信号流同时从发送机的 4 个天线发出。这 4 个信号流在 4×4 的多输入多输出信道中混杂在一起到达接收机的 4 个天线接收端口,再经过与各个天线通道相应的接收处理后得到 4 组基带信号。注意到这 4 组基带信号中的每一组都含有 4 个信号流的成分。信号处理的任务就是要从这 4 组基带信号中正确地检测 4 个信号流。

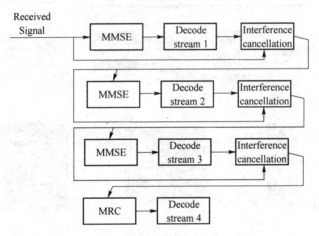

图 8-2 逐个干扰相消技术工作原理示意图

采用逐个干扰相消技术的接收机的工作步骤是：

第一步：对接收得到的基带信号应用最小均方误差（MMSE）检测器以得到 4 个信号流的估计值。

第二步：如果 MMSE 的输出中有一个信号流能被准确无误地检测,即该信号流在被解调和信道解码后得到的码元流可以通过相应的 CRC（Cyclic Redundancy Check）,那么一方面可以将这个码元流保存下来以供最后合成所需的信息流；另一方面还应对该码元流再进行信道编码、调制,并利用该信号流所经过的信道的传递函数,重建该信号流在接收机端的信号。一般把这一步称为信号重建。对于一个 4×4 的多输入多输出系统来说,每个信号流有 4 个信道传递函数与之对应。这些信道传递函数在实际系统中必须通过信道估计得到。

第三步：经过接收机初步处理得到的 4 组基带信号中的每一组都含有 4 个信号流的成分,

在某个信号流被准确检测后,它在这 4 组基带信号中的存在相对于尚未检测的信号流而言就成了干扰。在第二步里已经重新生成了与准确检测了的信号流相对应的基带分量,因此可以,也必须将它(们)从 4 组基带信号中消除掉。一般把这一步称为干扰相消。"干扰相消"为检测余下的信号流提供了更为"干净"的信号样本,改善了总的检测性能。

上述 3 个步骤:最小均方误差检测、信号重建和干扰相消构成了最小均方误差-逐个干扰相消(MMSE-SIC)接收机的一个接收循环。很明显,对于一个 4×4 的多输入多输出系统来说,一帧信息流的准确检测要经过多达 4 个成功的接收循环才能完成。否则,则前功尽弃,该帧信息必须重新发送。

另一点需要强调的是,在一个接收循环中往往有多个尚待检测的信号流存在,哪一个信号或哪几个能通过最小均方误差估计就能准确无误地检测,取决于各信号流的强度,及相应的信噪比。

8.1.3　MIMO-OFDM 系统模型概述

图 8-3 所示是用来对一个 MIMO-OFDM 无线通信系统的物理层(又称为基带系统)进行仿真、模拟的 Simulink 模型。这个系统模型由几个重要的子系统组成,它们是:

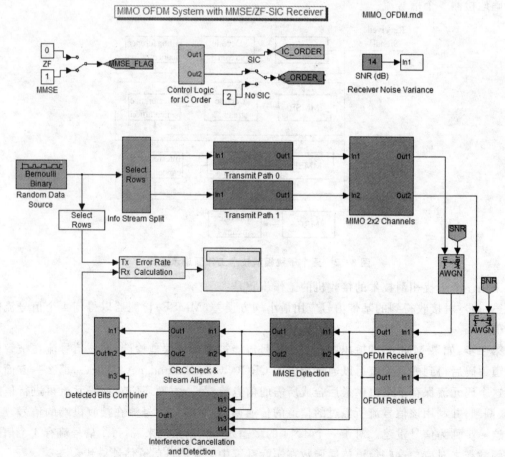

图 8-3　一个 MIMO-OFDM 无线通信系统的 Simulink 模型

- 信息（源）流的产生；
- 信道编码与调制；
- OFDM 发送通道；
- 多输入多输出无线通信信道；
- OFDM 接收通道；
- 最小均方误差检测；
- 信道解码与解调；
- 逐个干扰相消；
- 信号观察与性能测试。

这个系统模型的主要特征有：

① 描述了一个 2×2 的多输入多输出、正交频分多路（MIMO-OFDM）通信系统，模拟了这个系统的下行基带信号传输（Baseband Downstream）。

② 采用了多路莱利衰落（Multipath Rayleigh Fading）多输入多输出无线通信信道模型。

③ MIMO 接收机可以实现多种先进的信号处理算法，包括强置零（ZF）检测、最小均方误差（MMSE）检测和在这两种算法基础上的逐个干扰相消（SIC）检测。

④ 假设了无线通信信道的冲激响应（传递函数）以及接收机的内部噪声功率或接收信号的信噪比可以准确地估计，因此在系统模拟与仿真时它们被认为是已知的。

这个系统模型的主要参数是通过模型回调子程序给出的，如图 8-4 所示。

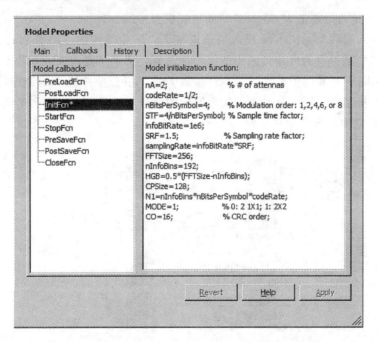

图 8-4 MIMO-OFDM 系统模型的主要参数设置

2.2.7 节已介绍了如何建立模型回调子程序的方法。根据图 8-4 给出的模型的回调子程序得出的系统模型的主要参数列在表 8-1 中。

表 8-1 MIMO-OFDM 系统模型的主要参数

参数名称	参数取值
天线个数(nA)	2
傅里叶变换的长度(FFTSize)	256
传载信息的副载波数(nInfoBins)	192
信息码元率(infoBitRate)	1 Mb/s
采样速率(SamplingRate)	采样速率因子(SRF)×1 MHz
副载波间隔	采样速率/傅里叶变换长度
信号(系统)带宽	传载信息的副载波数×副载波间隔
信道编码	卷积码
信道编码率	1/2
信符的码元数(nBitsPerSymbol)	可取 1、2、4、6、8
调制形式	$2^{(信符的码元数)}$-QAM i. e. BPSK、QPSK、16-QAM、64-QAM、256-QAM
CRC 阶数	16
MIMO 模式(MODE)	MODE = 0：2 个 1×1 系统　　MODE = 1：1 个 2×2 系统

下面对几个重要的子系统作比较详细的介绍。

8.1.4 信道子系统

图 8-5 所示是通过单击 MIMO-OFDM 系统模型中的 MIMO 2×2 Channels 子系统得到的一个有两个输入和两个输出的无线通信信道模型。图中采用的多路莱利衰落信道模型是 Simulink 通信模块集提供的模块。图中的一个加法器模拟了从发送天线 0 及发送天线 1 发出的信号经信道 Chan 00 和信道 Chan 01 到达接收天线 0，并在空中混合的物理过程；而另一个加法器则模拟了从发送天线 0 及发送天线 1 发出的信号经信道 Chan 10 和信道 Chan 11 到达接收天线 1，并在空中混合的物理过程。

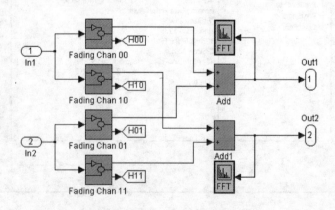

图 8-5　MIMO 2×2 Channels 子系统

MIMO 信道模型中的 Fading Chan ij，$i=0,1, j=0,1$，也是子系统，他们均由一个多路莱利衰落信道(Multipath Rayleigh Fading Channel)模块和一个加了面罩的，名称为 get chan ij

的子系统组成,如图8-6所示。

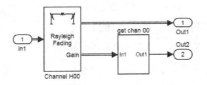

图8-6　Fading Chan ij 的组成

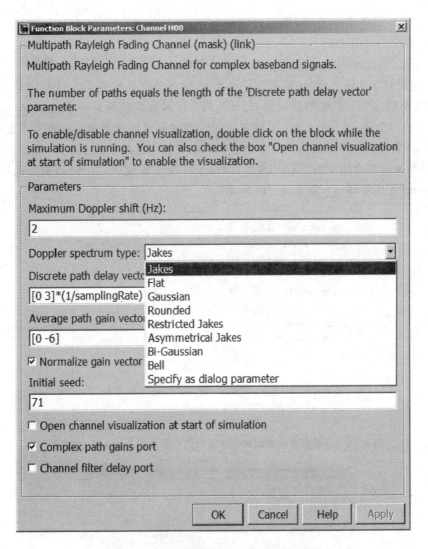

图8-7　多路莱利衰落信道的模块参数

多路莱利衰落信道模块可以提供多种形式的通信信道,如图8-7所示。另外,通过选择 "Complex path gain port" 还可以输出衰落信道的"瞬时"增益。注意到在每个信号采样瞬间,信道模块都输出信道增益,这样如果一帧接收信号有 N 个信号样本,就会得到 N 个信道的瞬时增益值。在接收信号处理时使用所有这些信息会极大增加信道均衡的复杂性。为了简化计算,在接收机的移动速度不大,即多普勒频率变化范围较小时,可以假设多路信道的增益值在一帧信号的时间区段内保持不变。为此在 get chan ij 子系统中将从多路莱利衰落信道模块得到的 N 个信道增益进行了平均,如图 8-8 所示。

在假设通道延迟已知的条件下,对平均后的信道冲激响应进行傅里叶变换就可以得到通信信道的频率响应在每一个传载信息的副载波频率点上的值。利用这些信息,可以在接收机中对接收信号进行准确的信道均衡处理。

在图 8-8 所示的子系统中,信道冲激响应的形成及其频率响应的计算是通过一个 MATLAB 函数模块来完成的。需要特别注意是,图 8-9 中给出的 MATLAB 函数有 3 个输入变量:信号通路增益 g,傅里叶变换长度 FL,传载信息的副载波数 nIB。但是从图 8-8 的子系统的框图来看,MATLAB 函数模块只有一个输入,即信号通路增益 g,那么另外两个输入(参数)是从哪里来的呢?或者说可以从哪里得到呢?实际上图 8-8 所示的信道频率响应计算子系统是一个加了面罩或者称为屏蔽了的子系统,单击该子系统,可以看到该子系统有两个所谓的"屏蔽"参数,即傅里叶变换长度(FFT Size)和传载信息的副载波数(Number of Info Bins),如图 8-10 所示。

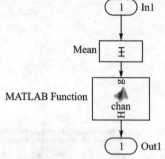

图 8-8 通信信道频率响应的计算

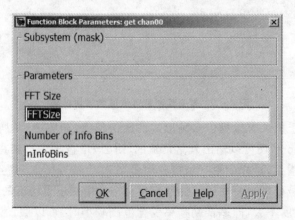

图 8-9 形成信道冲激响应及计算信道频率响应的 MATLAB 函数

图 8-10 图 8-9 所示屏蔽子系统的屏蔽参数

这两个屏蔽参数与 MATLAB 函数 chan( ) 的输入参数的对应关系在屏蔽子系统的屏蔽编辑器的参数面板下确定。如图 8-11 所示,右击一个屏蔽子系统,选择 Edit Mask 即打开屏蔽编辑器,然后选择 Parameters 面板(见图 8-12),就可以规定屏蔽参数及其相应的代表这些屏蔽参数的变量名。

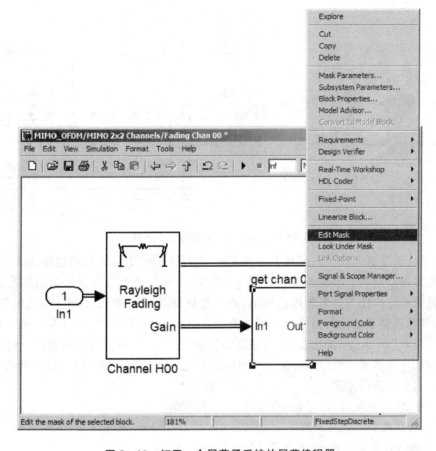

图 8-11 打开一个屏蔽子系统的屏蔽编辑器

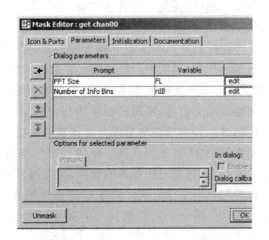

图 8-12 在屏蔽编辑器的"参数"面板下规定屏蔽参数及其相应的变量名称

8.1.5 最小均方误差检测子系统

到达两个接收天线的信号在经过与各个天线对应的射频处理和各自的正交频分多路接收处理后被送入如图 8-13 所示的最小均方误差检测子系统作进一步处理。

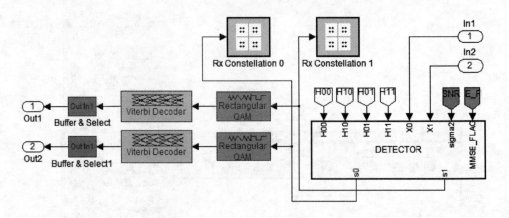

图 8-13 最小均方误差检测子系统

如前所述,从发送天线发出的两个信号流在 MIMO 信道中混合后到达接收天线端,因此进入最小均方误差检测子系统的两个信号 X_0 或 X_1 均含有两个发送信号流的成分。最小均方误差检测子系统的任务是要利用已知的,或通过估计得到的关于 MIMO 信道的知识从 X_0 和 X_1 中检测从发送端送出的两个信息码元流。从图 8-13 可以看到,最小均方误差检测由名为检测(DETECTOR)的子系统实现,其输出的信符 S_0 或 S_1 经解调与信道解码后得到两个信息码元流的估计。如果一个估计得到的信息码元流能够通过相应的 CRC 检测,就认为成功无误地接收了这个信息码元流。

对于一个 2×2 系统,检测子系统的输出有 4 种可能:
① 正确接收两个信息码元流;
② 正确接收信息码元流 0,信息码元流 1 估计不正确;
③ 正确接收信息码元流 1,信息码元流 0 估计不正确;
④ 两个信息码元流的估计均不正确。

显然,如果一个 MIMO 接收机只采用最小均方误差检测器,那么这个系统只能有效地工作在情形①下。当情形②～④出现时,当前帧的信息码元流都必须重新发送。

如果 MIMO 接收机采用了逐个干扰相消技术,那么在出现情形②或③时,可以先重建已经成功检测的那个信号流在接收端的信号,即对已经正确估计得到的信息码元流再进行信道编码,调制并利用已知,或经估计得到的与该信息码元流相对应的信道响应知识生成一份该信息码元流从发送端发出并经由 MIMO 信道到达接收机接收端的信号。这一重新生成的信号对于另一个尚待检测的信号流而言,起着干扰噪声的作用,因此可以将这一重建的接收信号从接收到的总信号中减去后再检测另一个信号流。由于检测条件的改善,成功检测余下信号流的概率得到了提高。正因为如此,逐个干扰相消技术的采用极大地改善了 MIMO 接收机的性能。

需要指出的是,在图 8-13 所示的检测子系统中,系统模型对最小均方误差检测器的两个

输出 S_0、S_1 同时进行了解调和信道解码,这样做增加了接收机硬件和成本,但可以减小接收机乃至整个通信系统的处理延迟(System Latency)。对很多音频和视频通信系统来说,系统(的处理)延迟是一个非常重要的系统指标。另一种替代的设计是只采用一套解调与信道解码硬件,接收机首先对最小方差检测的输出 S_0 进行解调与信道解码以判断能否对其正确检测。如果检测成功,则无须再解调解码 S_1,可以接着重建与 S_0 相应的接收信号,进行干扰相消。如果检测不成功,则必须再对 S_1 进行解调与信道解码,以判断能否正确检测该信号流。显然在后一种情况下,整个系统的接收处理就不得不推迟。

8.1.6 干扰相消与检测子系统

显示在图 8-14 中的干扰相消与检测子系统完成下列的一系列任务:

① 根据已知的或估计的 MIMO 信道信息重建与已经正确检测的信息码元流相对应的接收端信号。这一任务包括对正确检测得到的信息码元流进行信道再编码、再调制以及从接收到的总信号中除去与获得正确检测的信息码元流相对应的信号。

② 对余下的信号进行最小均方误差检测。对于这里讨论的 2×2 MIMO 系统而言,在正确检测了一个信号流以后,只剩下一个信号流尚待检测。这时最小均方误差检测与最大比例组合(Maxmum Rate Combining-MRC)等价。

③ 对 MRC 处理后得到的信号进行解调、信道解码及 CRC 检测以确定能否准确无误地检测余下的信号流。

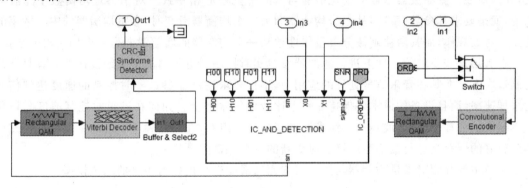

图 8-14 干扰相消与检测子系统

观察图 8-14 所示的干扰相消与检测子系统,可以看到,由于卷积码解码(追溯深度)造成的延迟,部分码元要等到对下一帧信号进行信道解码时才能够得到,因此必须保存从当前帧信号解码获得的码元;与此相对应,接收总信号(X_0 和 X_1)及 MIMO 信道信息(H_{00},H_{01},H_{10},H_{11})都必须作额外存贮;另外,对最后一个信号流的信道解码又引入了另一帧处理延迟。所有这些造成采用逐个干扰相消技术的 MIMO 接收机需要更多的存贮单元。对无线通信系统的手机来说,存贮单元,特别是与快速处理相关的存贮单元在很大程度上增加了手机的制造成本。

8.1.7 系统模拟与仿真

利用图 8-3 所示的系统模型,可以研究 4 种 MIMO 接收机的检测性能,它们是:
① 逐个干扰相消最小均方误差检测器(MMSE-SIC)。

② 逐个干扰相消 ZF 检测器(ZF-SIC)。

③ 最小均方误差检测器。

④ ZF 检测器。

通过改变模型中两个手动开关的位置可以决定该系统采用何种接收机。这个系统模型通过计算误码率(BER, bit error rate)来衡量接收机的性能优劣。读者也可以自行增加一些模块以计算这个系统的误帧率(FER, frame error rate)。必须指出的是,对于这个 MIMO 系统,只有当一帧信号中的两个信号流均得到正确无误的检测时,该帧信号的检测才被认为是成功的。

8.2 滤波器滑变（Morphing）在音频信号处理中的应用

数字滤波器在音频信号处理中扮演着重要的角色。通常数字滤波器在设计完成后,其参数在使用过程中并不改变。但是在许多应用场合,如现场表演、音乐的后期制作等,往往有对数字滤波器的参数进行连续控制的必要。换句话说,就是要连续地更新数字滤波器的滤波系数。由于数字滤波的特殊性,连续地更新数字滤波器系统通常会带来许多副作用,如数字滤波器可能会变得不稳定,有时会产生很烦人的杂音,等。因此防止这些副作用的出现对于设计和实现时变数字滤波器来说是一个挑战。另外,在有些场合,特别是当数字滤波器用于音乐信号处理时,往往需要滤波器参数的变化能够与人的听觉效应相一致。对于参量均衡数字滤波器来说,就是要求其参数(系数)从一个均衡器向另一个均衡器滑变时,参量均衡器的中心频率的变化呈对数规律,而其增益则按分贝量线性地从一个均衡器的增益滑向另一个均衡器的增益。

在满足这些要求的条件下进行滤波器参数实时控制与更新增加了系统设计的计算复杂性与制造成本。尤其在音乐信号处理的应用中,不仅要求滤波器参数实时控制的速度达到信号的采样速率,而且设备的成本要保持在一个比较低的水平上。如何在满足对控制速度与设备成本要求的前提下,在滤波器从一组参数滑变成另一组参数时,其频率响应的主要特征仍然能得到较好的保存是进行数字滤波器实时更新的一个关键问题。

本节主要介绍对参量均衡器与搁架式均衡器滑变进行模拟与仿真的系统模型。

8.2.1 数字滤波器结构

参量均衡器和搁架式均衡器是音频信号处理中常用的两种滤波器,它们用来对某个频段的信号进行提升或衰减以达到所需要的音响效果。一个二阶均衡器的传输函数为

$$H(z) = \frac{b_0 + b_1 z^{-1} + b_2 z^{-2}}{1 + a_1 z^{-1} + a_2 z^{-2}} \tag{8-1}$$

式(8-1)中有 5 个独立的滤波器系数。对式(8-1)稍作改变,可以得到另一个传递函数表达式

$$H(z) = b_0 \frac{1 + (b_1/b_0) z^{-1} + (b_2/b_0) z^{-2}}{1 + a_1 z^{-1} + a_2 z^{-2}} \tag{8-2}$$

或者

$$H(z) = c_0 \frac{1 + c_1 z^{-1} + c_2 z^{-2}}{1 + a_1 z^{-1} + a_2 z^{-2}} \tag{8-3}$$

式中,$c_0=b_0$,$c_1=b_1/b_0$,$c_2=b_2/b_0$。

图 8-15 和图 8-16 分别给出了与式(8-1)和式(8-3)相对应的直接型的滤波器结构。

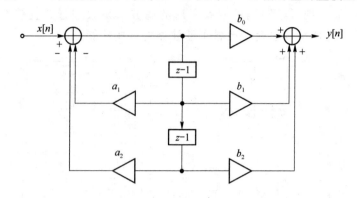

图 8-15　与式(8-1)相对应的直接型滤波器结构

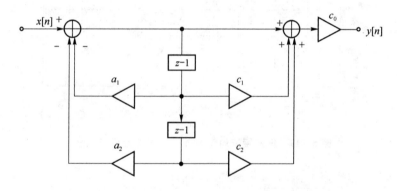

图 8-16　与式(8-3)相对应的直接型滤波器结构

实现滤波器从一组系数 A 滑变至另一组系数 B 的一个最直接的方法是对两组滤波器系数进行线性插值。这种对滤波器进行时变更新的方法称为直接滑变(Direct Morphing)。直接滑变计算量小,操作简单,易于实现。但是直接滑变不能满足滑变过程中滤波器的特征,如增益和中心频率,变化必须与人的听觉效应相一致的要求,即滑变中的均衡器的增益按分贝量从均衡器 A 的增益线性地滑变至均衡器 B 的增益,而其中心频率在对数频率轴上从均衡器 A 的中心频率线性滑变至均衡器 B 的中心频率。下面来看一个直接滑变的例子。

假设有两个低通搁架式均衡器,它们的特征参数由表 8-2 列出。

表 8-2　低通搁架式均衡器的特征参数

滤波器特征参数	滤波器 A	滤波器 B
中心频率	100 Hz	1 000 Hz
增　益	30 dB	10 dB
搁架斜率	0.5	0.5

图 8-17 给出了表 8-2 中两个低通搁架式均衡器的幅度频率响应曲线。如果采用图 8-15 所示的滤波器结构实现低通搁架式均衡器,那么可以得如图 8-18 所示的均衡器的滑变性能。不难看出,直接滑变的性能是很不理想的。事实上如果滤波器滑变采用下面将要

介绍的阿玛的罗(ARMRdillo)编码技术,即首先对滤波器的系数进行一种特殊编码,即所谓阿玛的罗编码,再对编码后的滤波器系数进行直接滑变,就可以得到如图8-19所示的搁架式均衡器的滑变性能。把对经阿玛的罗编码后的滤波器系数进行的直接滑变称为阿玛的罗滑变。显然,阿玛的罗滑变显著地改善了滤波器的滑变性能。

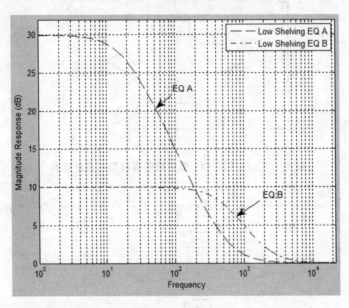

图 8-17 低通搁架均衡器 A 和 B 的幅度频率响应

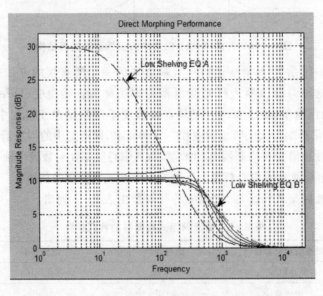

图 8-18 低通搁架均衡器的直接滑变性能

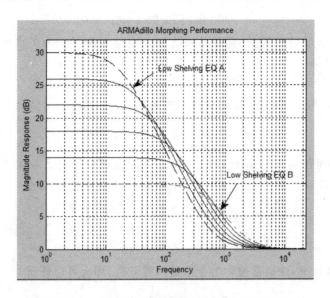

图 8-19　低通搁架均衡器的阿玛的罗滑变性能

8.2.2　阿玛的罗滑变

阿玛的罗滑变采用式(8-3)所示的滤波器传递函数及相应的如图 8-16 所示的滤波器结构。在对滤波器系数 a_i 和 $c_i(i=1,2)$ 进行阿玛的罗编码后再进行直接滑变,对系数 c_0 则不进行编码而是对其进行直接滑变。考虑到式(8-3)中分子与分母的对称性,而且阿玛的罗编码方法对分子系数与分母系数是一样的,可以用下面的一般形式的二阶多项式来讨论阿玛的罗编码技术:

$$p(z)=1+t_1z^{-1}+t_2z^{-2} \qquad (8-4)$$

众所周知,如果式(8-4)所示的多项式的两个根是复共轭的,即 $r_{1,2}=\rho e^{\pm j\theta}$(这些根实际上是式(8-3)所示的滤波器传递函数的零点或极点),则有

$$t_1=-2\rho\cos\theta \quad 以及 \quad t_2=\rho^2 \qquad (8-5)$$

由于多项式的根到单位圆的距离近似地与传递函数谐振频率处的幅度响应的高度成反比,可以建立如下的幅度响应的高度的分贝值与多项式的根半径 ρ 之间的关系:

$$h=20\log_{10}\frac{1}{1-\rho} \qquad (8-6)$$

因为 $t_2=\rho^2$,可以证明,在将 t_2 进行如下所示的编码,即转换成 v_2 后:

$$t_2=1-t_2'=1-2^{-v_2} \quad 或者 \quad t_2'=1-t_2=2^{-v_2} \qquad (8-7)$$

当多项式的根与单位圆接近时,幅度响应在谐振频率处的高度就可以通过 v_2 进行线性及独立的控制。也就是说,如果 ρ(或者 t_2)接近 1,h 与 v_2 的关系就是线性的。

为了证明这一关系,可以将式(8-7)代入式(8-6),得到

$$h=20\log_{10}\frac{1}{1-\rho}=20\log_{10}\frac{1}{1-\sqrt{t_2}}=20\log_{10}\frac{1}{1-\sqrt{1-2^{-v_2}}} \qquad (8-8)$$

注意到,当 ε 较小时,$\sqrt{1-\varepsilon}\approx 1-\varepsilon/2$,式(8-8)可以进一步简化为

$$h = 20\log_{10}(2 \times 2^{v_2}) = 6v_2 + 6 \tag{8-9}$$

根据式(8-5)，ρ 只与 t_2 有关，但是 θ 项既与 t_1 也与 t_2 有关。为了将 θ 与 t_2 分离，应注意到，当 ρ 与 1 接近时，有

$$t_1 = -2\rho\cos\theta \approx -2\cos\theta + (1-\rho^2) = -2\cos\theta + t_2' \tag{8-10}$$

令 $u = -2\cos\theta$，当 $\theta \in [0, \pi]$，u 的取值范围为 $[-2, 2]$，再令

$$t_1' = \frac{u+2}{4} \quad \text{或} \quad u = -2 + 4t_1' \tag{8-11}$$

那么 t_1' 的取值范围将与 t_2' 相同，均为 $[0, 1]$。因此可以用对 t_2' 一样的编码方法对 t_1' 进行编码并将其转换成 v_1。将方程式(8-10)与式(8-11)结合起来，得到

$$t_1 = -2 + 4t_1' + t_2' = -2 + 4 \times 2^{-v_1} + 2^{-v_2} \tag{8-12}$$

如果定义

$$\Omega = \log_2(\theta \cdot f_s / 40\pi) \tag{8-13}$$

这里 f_s 是采样频率，Ω 通常被称为音乐的八度音数，那么可以证明

$$\Omega \approx -\frac{1}{2}v_1 + \log_2\frac{f_s}{20\pi} \tag{8-14}$$

式(8-14)表明，v_1 与八度音数 Ω 呈线性关系。因此 v_1 与 θ 的关系就是对数的，这正是本例希望得到的结果。

下面再来看一个将阿玛的罗滑变用于参量均衡器的例子。表 8-3 给出了两组参量均衡器的特征参数，它们的幅度频率响应如图 8-20 所示。

表 8-3 两组参量均衡器的特征参数

参量均衡器特征参数	滤波器 A	滤波器 B
增 益	15 dB	15 dB
带 宽	2 个半音	2 个半音
中心频率	80 Hz	10 kHz

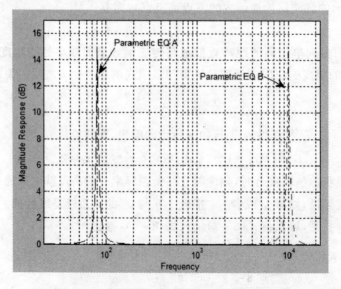

图 8-20 参量均衡器 A 和 B 的幅度频率响应

采用阿玛的罗编码方法进行滤波器滑变的步骤是:

① 分别对滤波器 A 和滤波器 B 的系数进行阿玛的罗编码,只对 a_i 和 $c_i(i=1,2)$ 进行编码。

② 对两组编码后的系数进行线性插值,对系数 c_0 直接进行线性插值。

③ 对线性插值获得的滤波器系数进行阿玛的罗解码。

对表 8-3 列出的参量均衡器进行阿玛的罗滑变得到的结果显示在图 8-21 中,可以看到滑变后的参量均衡器的中心频率均匀地分布在对数频率轴上。为了比较,在图 8-22 中给出了参量均衡器的直接滑变性能。不难看出,直接滑变导致参量均衡器的中心频率集中在对数频率轴的高端,不能满足听觉效应对中心频率变化规律的要求。

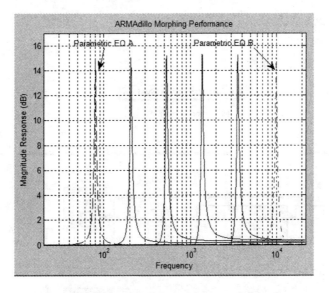

图 8-21 参量均衡器的阿玛的罗滑变性能

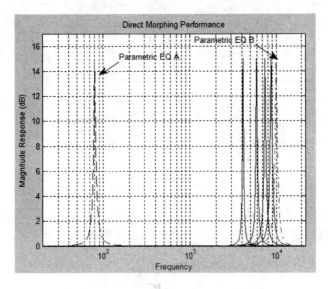

图 8-22 参量均衡器的直接滑变性能

在对参量均衡器进行直接滑变时,采用了图 8-15 所示的滤波器结构。出人意料的是,直接滑变很好地保留了参量均衡器的幅频响应的形状。

8.2.3 滤波器滑变系统模型概述

利用 Simulink 可以对滤波器滑变系统进行模拟与仿真,图 8-23 所示是一个滤波器滑变系统模型的例子,这个 Simulink 模型由多个子系统组成,它们是

- 测试信号源子系统
- 直接滑变 I
- 直接滑变 II
- 阿玛的罗滑变
- 二阶 IIR 数字滤波器
- 幅度频率响应估计子系统

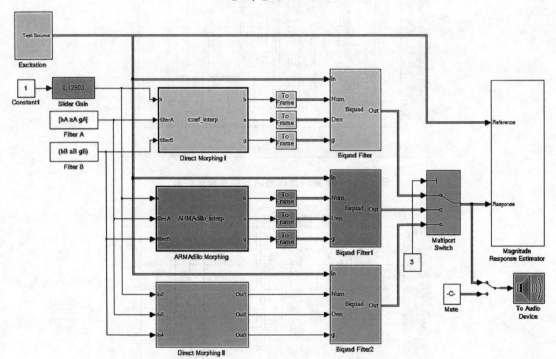

图 8-23 一个滤波器滑变系统 Simulink 模型

在这个系统模型中,滑变滤波器采用图 8-16 所示的滤波器结构。两组滤波器 A 和 B 的系数通过两个常数模块输入系统模型。每个常数模块提供系数 g, a 和 b。与式(8-3)比较,有

$$\left.\begin{array}{l} g = c_0 \\ \boldsymbol{a} = \begin{bmatrix} 1 & a_1 & a_2 \end{bmatrix} \\ \boldsymbol{b} = \begin{bmatrix} 1 & c_1 & c_2 \end{bmatrix} \end{array}\right\} \qquad (8-15)$$

这些变量必须在模型运行前存在于系统模型的工作区内，为此在模型回调子程序面板的初始回调子程序下给出了两组参量均衡器系数，如图 8-24 所示。读者可以根据自己模拟与仿真的需要，随意地给定两组滤波器系数，只要滤波器的传递函数具有式（8-3）的形式，并按式（8-15）的关系命名滤波器系数变量即可。

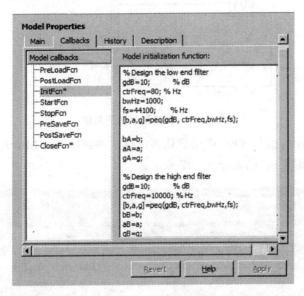

图 8-24 通过模型回调子程序提供两组滤波器系数

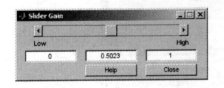

图 8-25 利用增益滑动器模拟滤波器滑变过程

该系统利用一个增益滑动器来模拟滑变过程，如图 8-25 所示。当增益滑动器的位置处在最左端时，增益值为 0，相应的滑变滤波器为滤波器 A；而当增益滑动器的位置被置于最右端时，增益值为 1，相应的滑变滤波器为 B；当系统模型运行时，读者可以随时改变增益滑动器的位置来体验滤波器的滑变效果与性能。

滤波器滑变系统模型提供了两种观察、体验滤波器滑变效果的方法。一种是利用幅度频率响应估计子系统给出当前滑变滤波器的幅度频率响应。注意到用来显示滤波器幅频响应的向量示波器（Vector Scope）模块目前还不具有显示对数频率轴的能力，感兴趣的读者可以用 Simulink 及 DSP 系统工具箱提供的基本模块自行建立一个能够在对数频率轴上显示滤波器幅频响应的向量示波器模块。另一种观察滤波器滑变效果的方法是将滑变滤波的输出送到计算机的音响系统，实时监听滤波器的滑变效果。Simulink DSP 系统工具箱提供了 To Audio Device 模块，可以方便地达到这一目的。

这个滤波器滑变系统模型提供了 3 个滤波器滑变子系统，即直接滑变 I 子系统、直接滑变 II 子系统和阿玛的罗滑变子系统。读者可以通过改变模型中的一个多端口开关的控制输入来选择观察或监听哪一个滑变子系统的幅频响应或音响效果。

8.2.4 滤波器滑变系统模型的子系统

测试信号源子系统

测试信号源子系统提供了两种测试信号：白噪声信号和音乐信号，通过手动开关选取其中一个作为系统的测试信号，如图 8-26 所示。

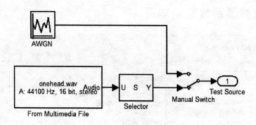

图 8-26 测试信号源子系统

在选取音乐信号作为信号源时，必须确认多媒体文件源(From Multimedia File)模块的模块参数中的文件路径的正确性，如图 8-27 所示。

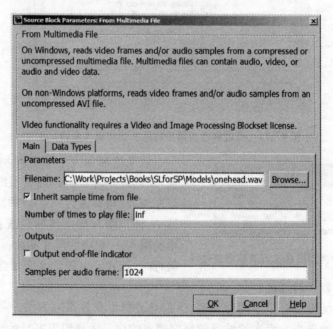

图 8-27 多媒体文件源模块(From Multimedia File)的参数设置

直接滑变 I 子系统

这个子系统采用内嵌式 MATLAB 实现直接滑变。注意到由于后面连接的二阶 IIR 数字滤波器输入端口的需要，直接滑变 I 子系统的 3 个输出滤波器系数变量 g,a,b 的维数分别为 $2\times1, 2\times1$ 和 3×1。

直接滑变 II 子系统

直接滑变 II 子系统用 Simulink 模块实现与直接滑变 I 子系统中的 MATLAB 函数同样的功能，感兴趣的读者可以尝试验证这两个子系统的等价性，并确定用 MATLAB 函数和 Simulink模块实现的子系统在计算复杂程度和计算速度方面是否有所不同。

阿玛的罗滑变子系统

这个子系统实现用阿玛的罗编码方法进行滤波器滑变的三个步骤,即阿玛的罗编码、线性插值和阿玛的罗解码。本节选择了用MATLAB函数模块来实现这一子系统。注意到在MATLAB函数ARMAdillo_interp()中引用了实现阿玛的罗编码的MATLAB函数encode_t2v()和阿玛的罗解码的MATLAB函数decode_v2t(),两个函数出现在ARMAdillo_interp()的最后面。

索 引

（以关键词的拼音字母为序）

B

步长 step size　　　　　　　　　§1.2.1

C

采样周期 samping period　　　　§4.1.1
采样时间 sampling time
　　　　　§1.2.1, 2.3.10, 3.1.2, 4.3.2
采样率 sampling rate　　　　§4.1.1, 3.3
采样速率 sampling speed　　§3.3, 3.3.1
采样频率 sampling frequency　　§4.1.1
传统代码工具 legacy code tool　　§7.3
传输函数 transfer function　　　　§5.1
触发使能子系统 trigger enabled subsystem
　　　　　　　　　　　　　　§2.2.6
触发子系统 triggered subsystem　§2.2.6
次要时步 secondary time step　　§1.2.3

D

代数环 algebraic loop　　　　　§1.2.3
单一任务模式 single tasking mode
　　　　　　　　　　　§3.4.2, 4.1.2
导数 derivative　　　　　　　　§1.2.1
动态系统 dynamic systems　　　§1.2.1
动态系统的仿真 dynamic system simulation
　　　　　　　　　　　　　　§1.2.2
多任务模式 multi-tasking mode　§3.4.2
多层次系统模型 hierarchical system model
　　　　　　　　　　　　　　　§1.1
端口回调参数 port callback parameters
　　　　　　　　　　　　　　§2.2.7

F

仿真循环 simulation loop　　　　§1.2.2
仿真精度 simulation accuracy　　§2.4.2
仿真速度 simulation speed　　　§2.4.2

方法执行列表 method execution list　§1.2.2
非源模块 non-source blocks　　　§4.2
非虚拟子系统 non-virtual subsystems　§1.2.1
非虚拟模块 non-virtual blocks　§1.2.1

G

更新 update, model (state) update
　　　　　　　　　　　§1.2.1, 1.2.2
根系统 root-level system　§1.2.1, 1.2.2
工具栏 tool bar　　　　　　　　§2.1.3
固定步长求解器 fixed step (size) solver
　　　　　　　　　　　§1.2.3, 2.4.1
固定步长离散求解器 fixed step discrete solver
　　　　　　　　　　　§1.2.3, 2.4.1
规一化频率 normalized frequency　§4.1.1
过度算法延时 excessive algorithmic delay
　　　　　　　　　　　　　　§3.4.1

H

回调子程序 callback functions　　§2.2.7
回调子程序的执行时间 callback function execution time　　　　　　　　　§2.2.7
混合系统 hybrid systems, mixed systems
　　　　　　　　　　　　　　§1.2.1

J

角频率 angle frequency　§2.3.5, 2.3.8, 4.1.1
交互式的系统仿真 interactive system simulation
　　　　　　　　　　　　　　　§1.1
计算延时 algorithmic delay　　　§3.4.1
基于时间的模型 time-based system midel
　　　　　　　　　　　　　　§1.2.1
基本工作模式 basic operations　　§6.1.1
建立子系统 build subsystem　　§2.2.5
矩阵链接的方向 matrix concatenation direction
　　　　　　　　　　　　　　§2.3.8

K

可变步长求解器 variable step solver
§ 1.2.3, 2.4.1

可变步长离散求解器 variable step discete solver
§ 1.2.3, 2.4.1

可执行的系统模型 executable system model
§ 1.1

可调参数 tunable parameters § 1.2.1
库浏览器 library browser § 2.1.1
控制流子系统 flow control subsystem § 2.2.6
扩展工具箱 toolbox（MATLAB extension） § 3
扩展模块集 blockset（Simulink extension） § 3

L

LMB left mouth button § 2.1.6
滤波器建造者 filterbuilder § 5.5, 5.5.1
滤波器的阶数 filter order § 5.1
滤波器管理器 filter manager § 5.4.1, 5.4.2
滤波器结构 filter structure § 5.1
滤波器设计与分析工具 filter design and analysis tool（FDA） § 5.5
滤波器设计工具箱 filter design toolbox § 5.5
流水工作模式 running operations § 6.1.1
离散求解器 discrete solvers § 1.2.3
离散状态 discrete states § 1.2.1
连续求解器 continuous solvers § 1.2.3
连续状态 continuous states § 1.2.1
链接 concatenation § 1.2.2

M

MEX MATLAB executables
§ 2.3.14, 7.2.1, 7.4.2

MATLAB 命令工作区 MATLAB workspace
§ 2.1.1

MATLAB 命令窗 MATLAB command window
§ 2.1.1

命令菜单栏 command manu bar § 2.1.3
模块参数 block parameters § 1.2.1
模块反应时间 block latency § 3.4.2
模块回调子程序 block callback functions
§ 2.2.7

模块延时 block delay § 3.4.1

模块法 block methods § 1.2.1
模块的更新次序 block update order § 1.2.2
模块的连接 block connection § 2.2.3
模块的选择 choice of blocks § 2.2.2
模块采样时间 block sampling time § 1.2.1
模型参照 model reference § 2.2.8
模型回调子程序 model callback functions
§ 2.2.7

模型法 model methods § 1.2.1
模型特征窗 model properties（window）
§ 2.1.3

模型窗 model window § 2.1.3
模型等级的平坦化 model hierarchy flattening
§ 1.2.1

模型编辑器（又叫模型窗）model window(editor)
§ 1.2.3

模型资源管理器（又称模型探索器）model explorer
§ 2.1.3

N

MATLAB 函数（模块） MATLAB Function
§ 7.1.2, 7.4

内建模块（Simulink) basic blocks § 1.2.1
奈奎斯特率 Nyquist rate § 4.1.1
奈奎斯特频率 Nyquist frequency § 4.1.1

P

屏蔽子系统 masked subsystems
§ 7.1.2, 8.1.4

频率 frequency § 4.1.1

Q

求解器 solver § 1.2.3
求解器的类型 types of solvers § 2.4.1
求解器的选择 choice of solvers § 2.4.1

R

RMB right mouth button § 2.1.6

S

Simulink 命令菜单栏 Simulink command manu bar
§ 2.1.3

Simulink 工具栏 Simulink tool bar § 2.1.3

Simulink 库浏览器 Simulink library browser	§ 2.1.1
Simulink 模型工作区 Simulink model workspace	§ 2.2.9
Simulink 状态栏 Simulink status bar	§ 2.1.3
S-函数 S-functions	§ 2.3.14，7.2
使能子系统 enabled subsystems	§ 2.2.6
实时代码生成 real-time code generation	§ 3.2.5
数值积分 numerical integration	§ 1.2.1
数字频率 digital frequency	§ 4.1.1
时步 time step	§ 1.2.1, § 1.2.3
算法延时 algorithmic delay	§ 3.4.1
设置模块参数 set block parameters	§ 2.2.4

T

图形用户接口 graphical user interface (GUI)	§ 1.1
图形编辑器 graph editor	§ 1.2.1
条件执行子系统 conditional subsystem	§ 1.2.1, 2.2.6
添加评注 add annotation	§ 2.2.4

W

微分方程 differential equations	§ 1.2.1, 2.3.2

X

信号 Signal	§ 1.2.1, 3.1.1, 4.3
信号周期 signal period	§ 4.1.1

信号特征 signal characteristics	§ 2.3.10
循环初始化 loop initialization	§ 1.2.2
循环迭代 loop update	§ 1.2.2
系统函数 system functions	§ 1.2.1
系统方框图 system block diagram	§ 1.2.1
系统流程图 system flow chart	§ 2.2
虚拟子系统 virtual subsystem	§ 1.2.1
虚拟模块 virtual blocks	§ 1.2.1

Y

样本信号 sample based signals	§ 3.1.3
1-D 向量 1-D vectors	§ 4.3.1
源模块 source blocks	§ 4.2

Z

主要时步 primary time step	§ 1.2.3
增容工作模式 buffered operations	§ 6.1.3
增益滑动器 gain slider	§ 8.2.3
子系统 subsystem	§ 1.2.1
帧信号 frame based signals	§ 3.1.4, 3.2.1
帧周期 frame period	§ 4.1.1
帧操作 frame operation	§ 3.2.1, 7.4.3
帧频率 frame frequency	§ 3.3.2
状态 state	§ 1.2.1
状态的更新函数 state update functions	§ 1.2.1
直通口 direct feed-through ports	§ 1.2.2
自定义模块 user defined blocks	§ 1.2.1, 7.1
自建模块 user defined blocks	§ 1.2.1

参 考 文 献

[1] MathWorks,Inc.. MATLAB® version 7.8.0(R2009a),User's Guide. 2009.
[2] MathWorks,Inc.. MATLAB® version 7.3(R2009a),User's Guide. 2009.
[3] MathWorks,Inc.. MATLAB® 7 Getting Started Guide. 2008.
[4] MathWorks,Inc.. MATLAB® :Simulation and Model Based Design. 2004.
[5] MathWorks,Inc.. DSP Blockset for Use with Simulink. 2003.
[6] MathWorks,Inc.. Signal Processing Blockset for Use with Simulink. 2004.
[7] Alan V. Oppenheim, Ronald W. Schafer. Discrete-Time Signal Processing New Jersey: Prentice Hall,Inc. ,1989.
[8] Steven M. Kay,. Modern Spectral Estimation: Theory & Application. New Jersey: Prentice Hall, Inc. ,1988.